音声認識

Speech Recognition

篠田浩一

講談社

■ 編者

杉山　将　博士（工学）

理化学研究所 革新知能統合研究センター センター長

東京大学大学院新領域創成科学研究科 教授

シリーズの刊行にあたって

インターネットや多種多様なセンサーから，大量のデータを容易に入手できる「ビッグデータ」の時代がやって来ました．現在，ビッグデータから新たな価値を創造するための取り組みが世界的に行われており，日本でも産学官が連携した研究開発体制が構築されつつあります．

ビッグデータの解析には，データの背後に潜む規則や知識を見つけ出す「機械学習」とよばれる知的データ処理技術が重要な働きをします．機械学習の技術は，近年のコンピュータの飛躍的な性能向上と相まって，目覚ましい速さで発展しています．そして，最先端の機械学習技術は，音声，画像，自然言語，ロボットなどの工学分野で大きな成功を収めるとともに，生物学，脳科学，医学，天文学などの基礎科学分野でも不可欠になりつつあります．

しかし，機械学習の最先端のアルゴリズムは，統計学，確率論，最適化理論，アルゴリズム論などの高度な数学を駆使して設計されているため，初学者が習得するのは極めて困難です．また，機械学習技術の応用分野は非常に多様なため，これらを俯瞰的な視点から学ぶことも難しいのが現状です．

本シリーズでは，これからデータサイエンス分野で研究を行おうとしている大学生・大学院生，および，機械学習技術を基礎科学や産業に応用しようとしている大学院生・研究者・技術者を主な対象として，ビッグデータ時代を牽引している若手・中堅の現役研究者が，発展著しい機械学習技術の数学的な基礎理論，実用的なアルゴリズム，さらには，それらの活用法を，入門的な内容から最先端の研究成果までわかりやすく解説します．

本シリーズが，読者の皆さんのデータサイエンスに対するより一層の興味を掻き立てるとともに，ビッグデータ時代を渡り歩いていくための技術獲得の一助となることを願います．

2014 年 11 月

「機械学習プロフェッショナルシリーズ」編者
杉山 将

まえがき

本書は，機械学習一般に興味があって勉強を進めてはいるものの，信号処理，特に音声の信号処理についてはほとんど習ったことがない，という読者を想定しています．機械学習は，実世界のデータを対象として，それを説明したり，予測をしたりするために用いられます．しかし，機械学習を勉強していると，確率・統計や最適化アルゴリズムには詳しくなりますが，その応用先の実世界データに関する知識が不足しがちです．

本書では，まず，音声の性質と音声信号の処理について解説し，音声認識に対し機械学習を適用するための前提となる必要最低限の知識を提供します．そして，音声認識において，さまざまな機械学習手法がどのように選択され，どのように使われているか，について解説します．本シリーズの他巻との重複を避けるために，音声認識に限らず他の用途で広く使われている手法については，説明を省略した部分もあります．本書を読むことで，音声認識分野の最新の論文を読むために必要な知識が身につきます．

近年，深層学習による音声認識手法が普及しています．そして，特徴量抽出も含んだEnd-to-End学習の枠組みの進展により，画像などの他のメディアにおける認識との方法論の違いが小さくなってきています．今後，音声に固有の知識はその必要性が徐々に薄れていくことが予想されます．本書では，もしそのようになったとしても，現象の理解や解析に役立つであろう知識を選んで解説しました．

初学者の皆さんに特に強調しておきたいのは，ここで説明するさまざまな手法は，決して最善の方法ではなく，あくまで現時点で手に入る中で最もマシな，いわば間に合わせの方法である，ということです．つまり音声認識技術はいまだ発展途上です．先人の創った道を辿ることはやさしいですが，そこから一歩脇道にそれるとわからないことばかりです．本書を踏み台にして前人未踏の地に足を踏み入れ，新たな道を切り拓いていってください．

本書を執筆する機会を与えていただいた東京大学の杉山将先生，査読をしていただいた徳島大学の北岡教英先生，千葉工業大学の大川茂樹先生から大変有益なコメントを頂きました．心から感謝します．なお，本書の文責はすべて著者にあります．至らない点については読者の皆さんからのご指導を仰ぎたいと思います．最後に執筆活動を支えてくれた妻の美由紀に感謝を捧げます．

目次

Chapter 1

音声とは

しばしば音声認識はとっつきにくいと言われます．私たちはふだんから音声を使って生活をしていますが，音声は画像と違って目に見えないので，その性質について考える機会は少ないと思います．例えば，同じ単語を発声した，異なる２つの音声があったとき，それらの違いを言葉で説明するのは難しいですよね．それが敷居を高くしている一因でしょう．本章では，音声とはどのようなものか，人間がどのように音声を知覚・生成しているか，について説明します．

1.1 音の知覚[86]

人間は音をどのように知覚しているでしょうか．まず，人間が音の高さをどのように感じるかについてみていきましょう．人間が知覚できる音の高さ (周波数) の範囲は一般に 20 Hz から 20000 Hz までです．人間の知覚する音の高さは，物理的な周波数とは比例しません．音の高さを線形に変化させていった場合，音が高くなるにつれて感じる音の高さの変化は小さくなっていきます．人間の知覚する音の高さを測る尺度として，実験的に求められた**メル尺度** (mel scale) がよく使われます．メル尺度では，1000 Hz を基準とし，1000 Hz の n 倍に知覚される周波数を $n \times 1000$ メルと表記します．いくつかの種類がありますが，以下の**ファント (Fant) の式** がよく使われます (図 1.1).

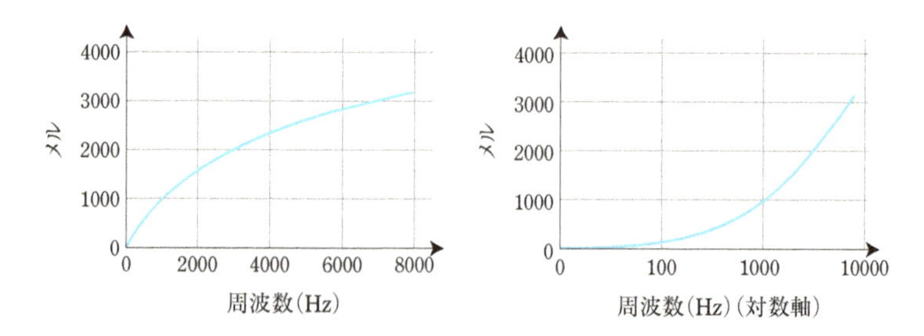

図 1.1 ファントの式によるメル尺度．右のグラフの横軸は対数スケール．

$$f(\mathrm{mel}) = \frac{1000}{\log_{10} 2} \log_{10} \left(\frac{f(\mathrm{Hz})}{1000} + 1 \right)$$

次に，人間が音の強さをどのように感じるかをみていきましょう．音の物理的な強度は音の圧力，すなわち，**音圧** (sound pressure) p で表されます．その単位はパスカル (Pa) です．次に音の強さを測る尺度として，音圧が p (Pa) のときの**音圧レベル** (sound pressure level; SPL) L_p を以下の式で定義します．

$$L_p = 10 \times \log_{10} \frac{p^2}{p_0^2} = 20 \times \log_{10} \frac{p}{p_0}$$

ここで $p_0 = 20 \times 10^6$ (Pa) で，これは人間に聞こえる最も小さい音の音圧に対応しています．音圧レベルの単位はデシベル (dB) です．

図 1.2 は**等ラウドネス曲線** (equal loudness curve) と呼ばれるものです．横軸が周波数，縦軸が音圧レベルで，人間が同じ大きさと感じる音をつないだ曲線が書かれています．人間が感じる音の強さの単位は**ホン** (phon) です．1000 Hz の純音に対するホンの値がその音に対する音圧レベルと等しくなるよう定義されています．

この図から 2 つのことがわかります．まず，人間が感じる音の大きさは，音圧レベル，すなわち，音圧の対数にほぼ比例しています．ですので，音が大きくなるにつれて，音の大きさの違いがわかりにくくなります．次に，700 Hz ～5000 Hz の周波数の音に対しては，それより低い音や高い音に比べ，敏感に知覚します．また，音声波の位相の違いに対して人間の知覚は鈍感です．ここで位相とは，波の 1 周期の中でどの位置にいるか，を示す値です．

さらに，人間の音声知覚の興味深い特性について，いくつかあげておきま

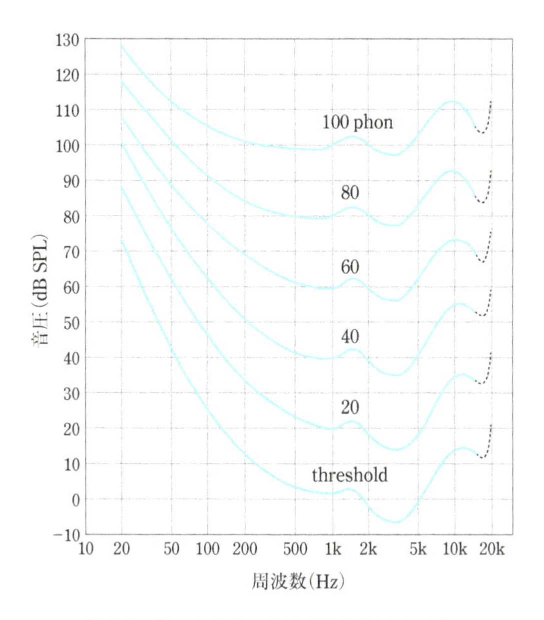

図 1.2 等ラウドネス曲線 (ISO 226:2003).

しょう．まず，**マスキング効果** (masking effect) というものがあります．**経時マスキング** (temporal masking) は，ある大きい音が鳴ったとき，その約 20 ms 前から約 100 ms 後ろまでの時間帯に鳴った別のより小さい音が聞こえないという現象です．一方，**同時マスキング** (simultaneous masking) は，ある周波数の大きい音が鳴っているとき，それに近い周波数で鳴っている別の音が聞こえなくなる現象です．周波数マスキングとも呼ばれます．例えば，300 Hz の大きな音が鳴っていると 200 Hz〜400 Hz の範囲で鳴っている別の音が聞こえません．これらのマスキング効果から，聴覚の時間分解能，周波数分解能をある程度まで推測することができます．

また，ある人が「ば」と発音している声に，同じ人が同じタイミングで「が」と発音しているときの顔の動画を被せて合成した映像を作ります．そのとき，目を開けて動画を見ながら声を聞くと「だ」と聞こえます．目を閉じて聞くと明らかに「ば」と聞こえます．我々は，対面で相手の音声の認識をするときに，目に見える口唇(こうしん)の動きの情報を無意識に使っているのです．

これは**マガーク効果** (McGurk effect)[44] と呼ばれます．特に周囲雑音の大きいときには，この「読唇」の役割は重要になります．音声認識の応用においても，カーナビゲーションなど，雑音の無視できない環境下の音声の認識では，口唇の動画像が用いられることがあります．そのような認識手法をマルチモーダル音声認識と呼びます．

また，パーティー会場などでガヤガヤとうるさい中でも，遠くの人の声に注意すると，それを聞き取れることがしばしばあります．これは**カクテルパーティー効果** (cocktail party effect)[9] と呼ばれます．すなわち，我々は，両耳からの入力から音源の位置を特定し，その方向からの音声を強調したり，他の方向からの音を抑圧したりすることがある程度まで可能です．音声認識においても，遠くの音声を認識したいときに，しばしばマイクロホンを複数使って特定の位置の音源からの音のみを強調する処理が行われます (7.4 節)．

1.2 音声の生成

前章では人間が音声をどのように聴くか，を説明しました．さて，音声とはどのような特徴をもっているのでしょうか．図 1.3 に音声の波形，図 1.4 に音声の**スペクトログラム** (spectrogram) を示します．スペクトログラムは，横軸に時間軸，縦軸に周波数軸をとり，音の強度を色で表したものです．音の強度は青，赤，黄の順に大きくなっていきます．どのようにして作るかは，第 2 章で詳しく説明します．1000 Hz 付近に横方向に帯が見えます．また，ときどき薄い帯が高周波数帯域に見えます．これらは何によるものでしょうか．

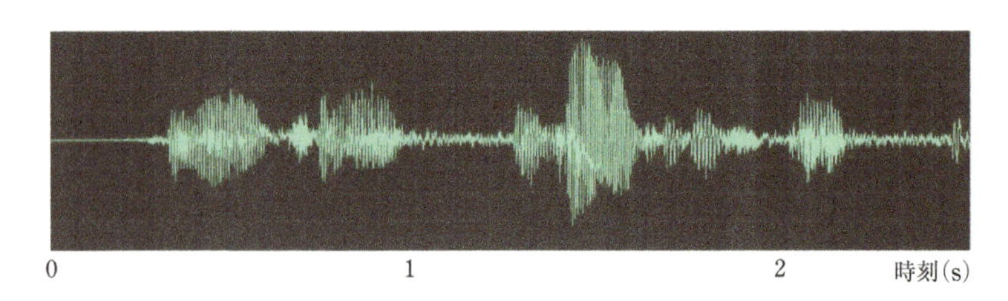

図 1.3 「こんにちは，お元気ですか．」という発声の音声波形．縦軸は振幅．

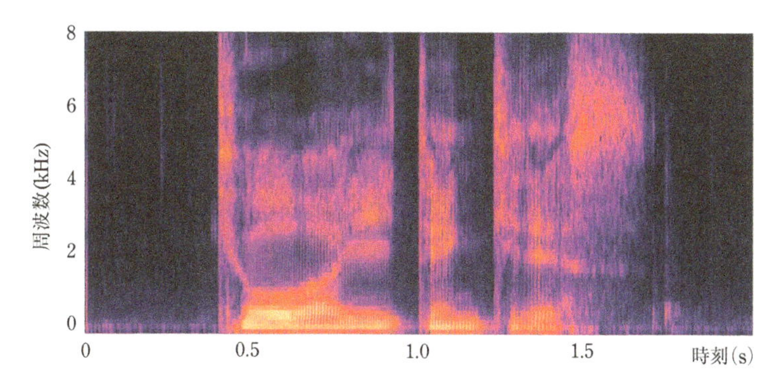

図 1.4 「今日はいい天気です」という発声の音声スペクトログラム．

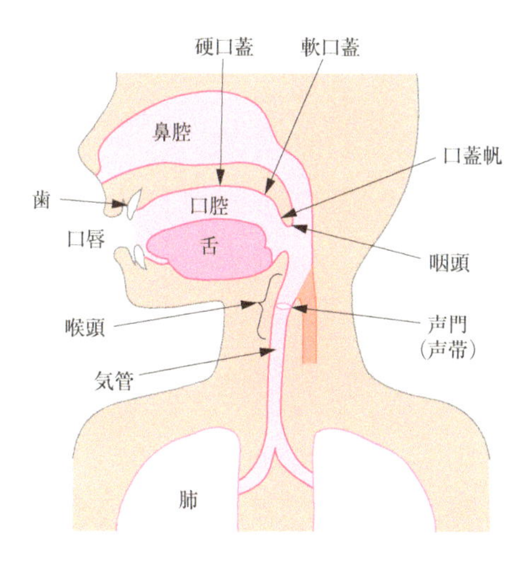

図 1.5 人間の調音器官．

音声の発声にはさまざまな器官が関係しています．図 1.5 に音声の生成に関係する**調音器官** (articulatory organ) を示します．肺から押し出された息の圧力で引き起こされた**声帯** (vocal cord) の振動により**声門波** (glottal wave) が発生します．声門波は，**声道** (vocal tract) を通り，口唇から放射されます．ここで声道とは文字通り声の通り道で，喉頭（こうとう），咽頭（いんとう），口腔（こうくう），鼻腔（びくう）から構成されます．

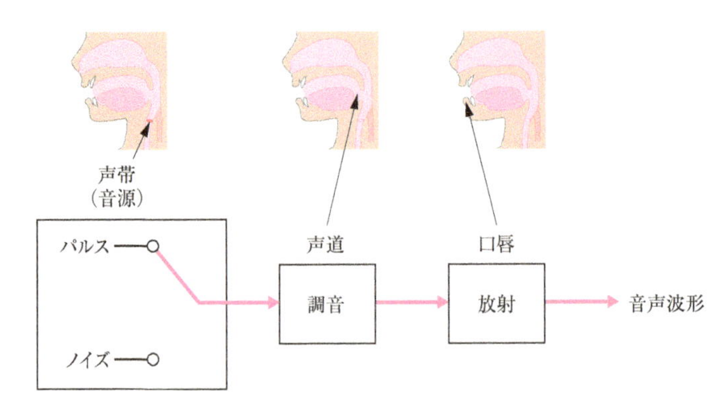

図 1.6　音声生成の簡単なモデル.

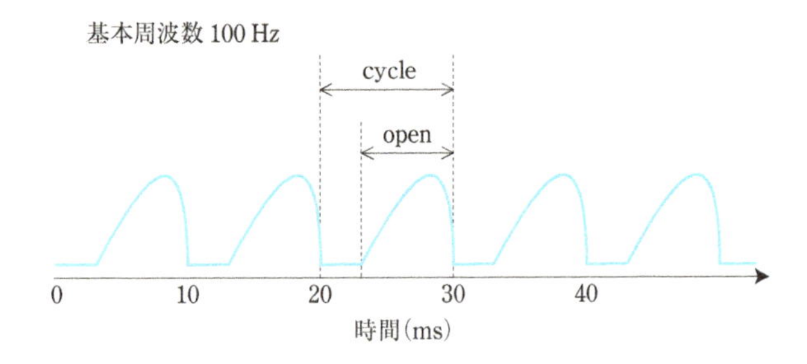

図 1.7　音声の音源波形の模式図. “open” の部分で声門が開いています.

人間の音声生成の簡単なモデルを図 1.6 に示します. 有声音では, 声帯の振動で発生した波 (声門波) が声道を通り口唇から放射されます. 声帯の振動の周波数は**基本周波数** (fundamental frequency) と呼ばれ, 音声の物理的な音の高さに相当します [*1]. 無声音の場合は声帯は振動しません. 声門波を実際に観測するのは困難ですが, 大まかに図 1.7 のような形をしています (実際にはもっと細かい構造があります).

声道は, 声帯から口までの呼気の通り道です. 図 1.8 に示すように, 近似的に太さの異なる複数の音響管をつなげたものとみなすことができます. 声道には一般に複数の共鳴周波数があり, 特にそれらの周波数の音声が強くな

*1　これに対し, 人間の知覚する音の高さは, ピッチ (pitch) と呼ばれます. 両者は必ずしも一致しません.

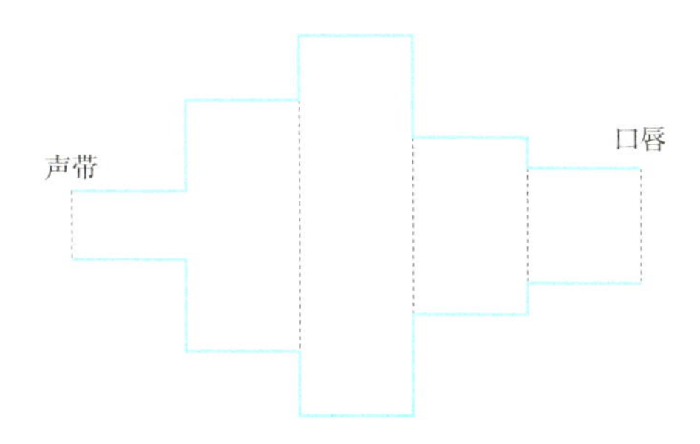

図 1.8 声道の音響管モデルの例.

ります.これを**フォルマント周波数** (formant frequency),もしくは,単にフォルマントと呼びます.複数のフォルマント周波数が存在する場合,低いものから順に,第1フォルマント (F1),第2フォルマント (F2),… と呼びます.図 1.4 の黄色の部分はそれが現れたものです.声道の形が異なっていると,対応するフォルマント周波数も異なり,それが母音の特性となります.

また,歯や唇,舌,鼻腔などの調音器官は子音の発声に関係します.例えば歯茎(はぐき)と舌をつけてその隙間から音を押し出す音は摩擦音となります.図 1.4 では高周波帯に弱い強度で現れています.

1.3 音韻と音素

音声には,さまざまな情報が含まれますが,音声認識にとって重要な情報は**音韻**(おんいん) (phoneme) と**音素** (phone) についての情報です.音韻とは,ある言語における識別のために必要な最小な単位の集合として定義されます.音韻は言語によって異なります.

一方,音素とは,音韻と同様に音声を構成する単位ですが,音声の物理的な特徴で分類されたものです.例えば国際音声学協会 (International Phonetic Association)[33] では世界中のあらゆる言語を表現するために必要な音素,**国際音声字母** (International Phonetic Alphabet) を定めています.音素と音韻の対応は一般に言語により異なります.

音素は母音と子音に分けられます.母音は声道や舌の形を変え,その結果フォルマント周波数を変えることで生成されます.図 1.9 に日本語の母音の

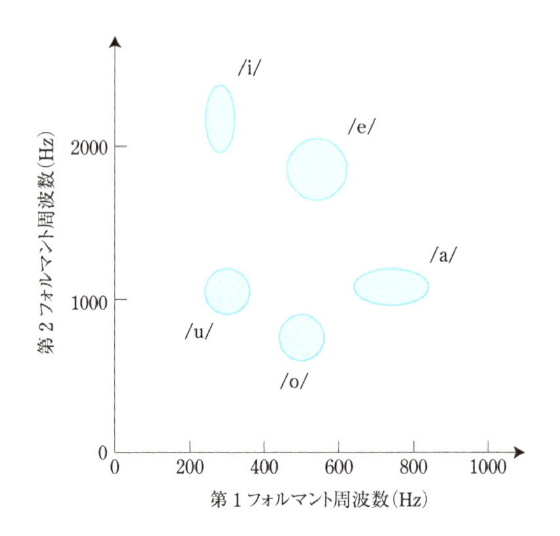

図 1.9 日本人発声の第 1，第 2 フォルマントの分布[82]．

表 1.1 日本語子音の分類[87]．V: 有声音, UV: 無声音．

調音器官	口唇		歯・歯茎		口蓋		声帯
有声/無声	V	UV	V	UV	V	UV	UV
摩擦音		f	z	s		sh	h
破擦音			dz	tz	dʒ	ch	
破裂音	b	p	d	t	g	k	
半母音	w		r			y	
鼻音	m		n				

第 1 フォルマント周波数 (F1) と第 2 フォルマント周波数 (F2) の分布を示します．F1 と F2 によりこれらの 5 母音がきれいに分類されることがわかります．子音は唇や歯茎，鼻腔などさまざまな器官を利用して生成されます．表 1.1 に日本語音韻の子音の分類を示します．

日本語には，母音，子音以外に，小さい「ゃ」に対応する拗音（ようおん） (子音と半母音/y/の結合),「ん」に対応する撥音（はつおん），小さい「っ」に対応する促音（そくおん）があります．また，二重母音 (/ei/, /ou/など) や長母音 (/e:/など) を音素とすることもあります．

ここで，調音位置，調音様式，有声と無声の別など，音韻ごとの特徴を表すものを，特に**弁別素性** (distinctive feature) と呼びます．音韻は弁別素性の束として表現可能です．例えば子音 /d/ の弁別素性は，{ 子音, 調音位置が歯または歯茎, 有声, 破裂音 } となります．また，母音 /o/ の弁別素性は，{ 母音, 舌の高さが中央, 舌の前後位置が奥 } となります．

音声は，必ずしも語学辞書の発音表記に忠実に発音されるとは限りません．人間の調音器官は，筋肉が連続的に動くことで別々の音素に対応する声道の形を作っています．そして，識別に支障のない範囲でその運動をできるだけ「怠けよう」とします．実際，単独で発声された音素と，単語や文の中で発声された音素の音響的特徴はかなり異なります．すなわち，音素の音響的特徴は，その音素だけでなく，その前後にどんな音素が続いているかによって変化します．この現象を**調音結合**と呼びます．音声認識においてこれらの問題にどう対処しているかについて，第 6 章で説明します．

Chapter 2

音声分析

音声分析は，音声から音声認識に必要な特徴量を抽出する処理です．特徴量抽出の役割は大きく分けて２つあります．１つは計算資源の節約です．生のデータは多くの場合そのまま扱うには多くの計算資源が必要です．特徴抽出を行い，必要な情報を絞ることで，記憶領域は小さくなり，また，計算も速くなります．もう１つは，ノイズ (雑音) の除去です．応用を特定した場合，その応用に関係ないデータの変動はノイズとなります．例えば音声の認識では音韻性を表す特徴は重要ですが，話者性を表す特徴はノイズです．ノイズを除去することにより，認識の精度が高くなります．この章では，前章で学んだ音声の性質を利用して音声から自動音声認識に必要な特徴を抽出する方法について説明します．

2.1 前処理

本節では，特徴抽出を行う前段階として行う，音声信号処理と音声検出について学びます．

2.1.1 アナログ-デジタル変換

音声波形は空気の振動であり，それがマイクロホンにより電圧の変化として観測されます．これはそもそもアナログ (連続値) であり，計算機で扱うためには離散化 (デジタル化) をする必要があります．これを**アナログ-デジタル (AD) 変換** (analogue-to-digital conversion)，と呼びます．AD 変換では，まず最初にある特定の時間間隔でデータを取り出します．この処理を**標本化** (サンプリング，sampling) と呼びます．

どのくらいの時間間隔で標本化をすべきか，について考えてみましょう．前述したように人間の聞こえる周波数の範囲 (可聴域) は，20 Hz〜20000 Hz 程度です．以下の**サンプリング定理** (sampling theorem) に従えば，ある周波数の信号成分は，その周波数の 2 倍の周波数で標本化をすれば完全に復元できます．

定義 2.1 (サンプリング定理)

$x(t)$ が 0 (Hz) 以上，W (Hz) 未満の帯域に制限されているとき，$x(t)$ を $T \leq 1/(2W)$ (s) ごとに標本化すれば，次式を用いて，標本値系列からもとの波形が完全に再現できる．

$$x(t) = \sum_{n=-\infty}^{\infty} x(nT) \frac{\sin(\frac{\pi}{T}(t - nT))}{\frac{\pi}{T}(t - nT)}$$

この定理における W，すなわち，標本化周波数の半分の値を，**ナイキスト周波数** (Nyquist frequency) と呼びます．音楽 CD のサンプリング周波数が 44.1 kHz なのは，その半分の 22.05 Hz が可聴域の上界に相当するからです．

ただし，音声認識では，人間の発声に含まれる周波数成分が復元できれば十分です．人間の発声に含まれる周波数のうち音韻の識別に必要な情報が含まれているのはだいたい 8 kHz 以下までですので，多くの場合，音声認識のためには 16 kHz 程度で標本化が行われます．

次に標本化されたデータに対し量子化の処理を行います．すなわち，各時点で標本化された数値をどのくらいの精度で表現するか，を決めます．音声認識の場合は，経験的に 16 bit の精度で十分と言われています．これ以上精度を上げても性能はさほど変化しません．現在の計算機では，多くの場合，単精度浮動小数点 (32 bit) 以上の精度が使われることから，音声データにおいても 32 bit で表現されることも多くあります．

2.1.2 高域強調

次に，音声のパワーは高域になるほど減衰するので，それを補償するために高域強調の処理を行います．一般的には 6 dB/oct の高域強調を行います．ここで，oct はオクターブ (octave) を略した記号で，音の高さが倍になるまでに音の大きさを 6 dB 大きくする，という意味です．**高域通過フィルタ** (high-pass filter) として，しばしば以下の 1 次有限インパルス応答 (finite impulse response; FIR) フィルタ $H(z)$ が用いられます．

$$H(z) = 1 - \alpha z^{-1} \tag{2.1}$$

ここで，$z = \exp(j\omega)$，$\omega = 2\pi f / f_s$ で，f は周波数，f_s はサンプリング周波数です．

量子化された離散信号 $x(n), n = 0, 1, 2, \ldots$ においては，

$$y(n) = x(n) - \alpha x(n-1)$$

と表すことに相当します．

さらに，式 (2.1) から，

$$\begin{aligned} |H(e^{j\omega})|^2 &= |1 + \alpha(\cos\omega - j\sin\omega)|^2 \\ &= 1 + \alpha^2 + 2\alpha\cos\omega \end{aligned}$$

となり，両辺の対数をとると，

$$10\log|H(e^{j\omega})|^2 = 10\log(1 + \alpha^2 + 2\alpha\cos\omega) \tag{2.2}$$

という式が得られます．図 2.1 は，$f_s = 16000$ (Hz) のとき，横軸に周波数 f の対数，縦軸に式 (2.2) の値をとったものです．確かに高域が強調されていることがわかります．

6 dB/oct の特性を実現するために，α の値として 0.97 程度がよく用いられます．

2.1.3 音声フレーム

時系列の信号の解析を行う場合，一般に，AD 変換された波形を入力とし，一定の時間間隔で，特徴量を出力します．その際，間隔ごとに分析される対象を**音声フレーム** (speech frame) と呼び，その間隔をフレーム間隔，また

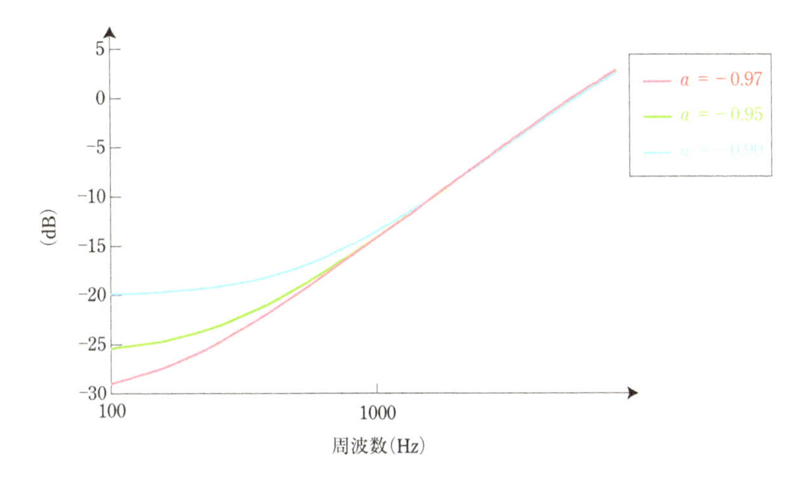

図 2.1 高域強調フィルタ．3 種類の α の値について示します．

は，**フレーム周期** (frame period) と呼びます．

まず，フレーム周期をどのくらいの長さにすればよいか，について考えてみましょう．あまり間隔が短すぎると，特徴量が多くなり，パターン認識に要する計算量が多くなります．逆に長すぎると音声の動的な特徴を捉えることができません．一般に音声の音素の長さは 30 ms 以上です．音素の音響的特徴は前後の音素にも左右されるので，10 ms ぐらいにとるのがよさそうです．実際，音声認識の性能は，それより長くすると下がりますが，それより短くしてもあまり性能は変わりません．ここでは，その 10 ms の間は，音声の特徴は変わらないものと仮定して後の処理を行います．

次に，10 ms ごとの音声フレームから特徴量を抽出する方法を考えてみます．最も単純に考えれば，10 ms ごとに波形を切り取って，それに対し周波数分析をすることが考えられるでしょう．これは以下の方形窓をかけることに相当します．

$$
\begin{aligned}
W_R(n) &= 1, \quad n = 0, \ldots, N-1 \\
W_R(n) &= 0, \quad n < 0, N \le n
\end{aligned}
$$

ここで N は窓内のサンプル数です．

しかし，両端が不連続な波形は，そのまま周波数分析をすると高周波に雑

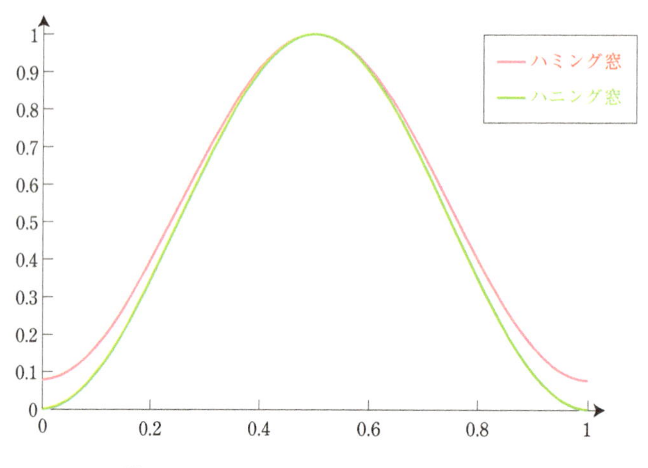

図 2.2 ハミング窓とハニング窓．横軸は n/N.

音がのります．そこで，波形に対し，この時刻を中心に両端が減衰するように分析窓をかけます．ここで分析窓としては，**ハミング窓** (Hamming window) と**ハニング窓** (Hanning window) が知られています．ハミング窓は以下の式で表されます．

$$W_H(n) = 0.54 - 0.46 \cos\left(\frac{2n\pi}{N-1}\right), \quad n = 0, \ldots, N-1$$

一方，ハニング窓は以下の通りです．

$$W_N(n) = 0.5 - 0.5 \cos\left(\frac{2n\pi}{N-1}\right), \quad n = 0, \ldots, N-1$$

いずれの窓も n が 0 未満のときと N 以上のときはゼロの値をとります．図 2.2 にこれらの窓を図示します．どちらでも認識性能はさほど変わりませんが，多くの場合ハミング窓が用いられます．

分析窓の長さはフレーム長と呼ばれ，20 ms から 80 ms 程度の値が一般に用いられます．近隣の音声フレームは音声波形をある程度共有していて，音声波形上の分析窓を，10 ms ずつずらしながら，その都度，周波数分析をする，というイメージになります (図 2.3)．これは，重みつき移動平均をとっていることに相当します．特徴量の急激な変化を抑える一方で，近隣のフレー

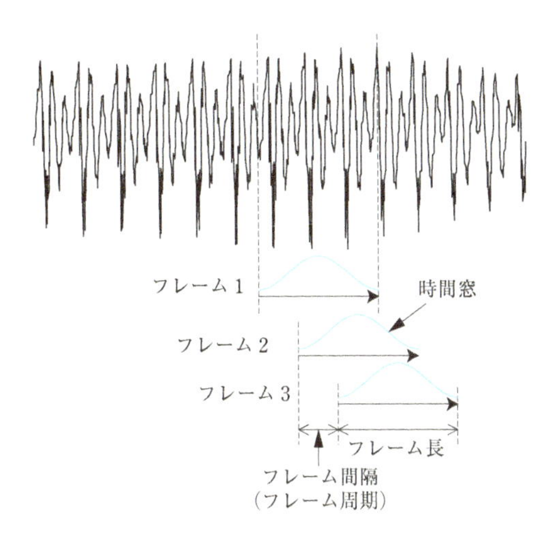

図 2.3　音声フレーム．フレーム長とフレーム周期の関係．

ム間の相関はより大きくなります．

2.1.4　音声区間検出

音声区間検出 (voice activity detection; VAD) とは，音声認識システムのマイクロホンから入力された音から，音声が存在する区間のみを検出する処理のことを指します．目的としては大きく 2 つあります．

1 つ目は計算資源の節約です．周囲の雑音が問題にならない静かな環境では，音声認識システムを常に動かしておくことも可能です．しかし，音声の入力のない大部分の時間では，音声の分析や認識などの処理の計算量は無駄になってしまいます．そこで，音声の有無を判断するためだけの，計算量が少なくて済む特徴を抽出し，それを用いて音声の有無を判定します．

2 つ目は雑音の除去です．実用場面では，音声以外のさまざまな音がマイクロホンに入力されます．音声認識では，しばしばこれらの周囲雑音を音声と誤認識します．それらを前処理で除外できれば，音声認識率の向上にもつながります．

以上の説明からわかるように，音声区間検出は，少ない計算量で，雑音と音声とを類別する機能が求められます．よく用いられる特徴は**ゼロ交差率**

(zero crossing rate), **音声パワー** (speech power), **信号対雑音比** (signal-to-noise ratio; SNR) です．ゼロ交差率は，ある一定時間の間に音声波形がゼロのレベルを交差する回数の割合です．一般に，音声の周波数は雑音の周波数に比べ高いので，ゼロ交差率がある一定値を超えたら検出します．計算量は極めて少ないですが，一方，高い周波数成分をもつ雑音も音声として検出してしまいます．

音声パワーは音の大きさそのものです．周囲雑音はマイクロホンから離れた場所で発生しているため，多くの場合使用者の入力音声よりもパワーが小さくなります．それを利用して，音の大きい区間を音声区間として検出します．これも計算量が少ない手法ですが，周囲雑音が大きいときには効果が期待できません．また，閾値の設定がマイク入力のダイナミックレンジに依存するので，マイクロホンごとに閾値を調整する必要があります．

信号対雑音比 (SNR) は雑音パワーのレベルに対する音声パワーのレベルの比のことです．このSNRに対してあらかじめ閾値を設定し，入力した音のSNRがその閾値を超えたら，音声区間として検出します．SNRはマイク入力のダイナミックレンジに依存しないので，音声パワーよりも頑健な音声検出を行うことができます．この方法の問題は，自己撞着（じこどうちゃく）的 (self-inconsistent) であることです．すなわち，音声区間検出をするためには，雑音区間を事前に知る必要がありますが，そのためには音声区間検出を行う必要があります．つまり，閾値の初期値を適切に設定することが重要になります．もし適切でない場合，音声区間が雑音区間と誤認識され，その後，音声区間が検出されないことになります．多くの場合，音声認識システムを起動した直後のある長さの時間は音声はないと仮定してその区間のパワーを雑音パワーとし，SNRの計算に用います．その後，音声を検出していない区間の音を用いて，SNRの計算に用いる雑音のパワーを逐次的に更新します．

雑音がたいへん大きい環境下では，ここまで述べた特徴がどれも有効に機能しないケースがしばしばあります．そのような場合には，Push-to-Talkという，使用者がボタンを押している間だけ音声認識が有効になる仕組みを導入することがあります．

なお，音声は促音 (日本語では「っ」) など，一定の無音区間が入ることがあり，そのタイミングで音声区間が終了したと判断すると音声区間検出の誤りになります．また，音声としては短すぎる突発的雑音を音声とみなして検出してしまうことがあります．この種の誤りを減らすためには音声の性質に関する経験的な知識を用いる必要があります．しばしば異なる状態を複数もち，入力に応じてその間を遷移する，有限状態オートマトンがこの目的のために用いられます．

また，音声区間検出は必ずしも正確ではなく，特に雑音下ではしばしば誤ります．そこで，あらかじめ前後のある程度の長さ (各々 300 ms 程度) の無音部分を含めて長めに音声区間を検出することが行われます．

2.2　音声特徴量

本節では，音声区間検出により切り出された音声から音声認識にとって重要な特徴量を抽出する処理について説明します．

2.2.1　短時間フーリエ分析

ここでは，2.1.3 項で説明した音声フレームのスペクトル解析をします．より具体的には，各音声フレームの信号は定常であると仮定し，それに対し高域強調を施した時系列信号に対し**フーリエ解析** (Fourier analysis) を行い，周波数成分を求めます．このような，信号に対し窓関数をずらしながらかけて行うフーリエ解析のことを特に**短時間フーリエ解析** (short-time Fourier transform) と呼びます．

今，$x_N(n)$ が周期 N の周期的信号であるとします．

$$x_N(n) = x_N(n+N)$$

このとき，$x_N(n)$ の**離散フーリエ変換** (discrete Fourier Transform; DFT) $X_N(k)$ が存在し，以下の関係式で表されます．

$$X_N(k) = \sum_{n=0}^{N-1} x_N(n) e^{-j2\pi nk/N}, \quad 0 \leq k < N \tag{2.3}$$

また，$X_N(k)$ から $x_N(n)$ を求める**逆離散フーリエ変換** (inverse discrete Fourier transform; IDFT) は以下の式で定義されます．

$$x_N(n) = \frac{1}{N}\sum_{k=0}^{N-1} X_N(k)e^{j2\pi nk/N}, \quad 0 \le n < N \tag{2.4}$$

この式は，式 (2.3) の X と x を入れ替え，係数 $1/N$ をかける形になっています．

実用では，計算時間を減らすために一般に**高速フーリエ変換** (fast Fourier transform; FFT)[10] を用います．FFT では信号の 1 周期のビン数 N が 2 のべき乗である必要があります．例えば，サンプリング周波数が 16 kHz のとき，窓幅が 32 ms のときは 512 ビン，64 ms のときは 1024 ビンです．FFT では，信号の周期性を利用して乗算の回数を減らすバタフライ演算により，DFT の計算量を $O(N^2)$ から $O(N \log_2 N)$ に減らします．周波数分解能 Δf は，サンプリング周波数 (Hz) を S, ビン数を N としたとき，

$$\Delta f = \frac{S}{N}$$

で求められます．窓幅が 32 ms のときは $16000/512 = 31.25$ (Hz), 64 ms のときは $16000/1024 = 15.625$ (Hz) となります．人間の耳の周波数分解能はもっと高いのですが，音韻の識別にはこの程度で十分です．もちろん，窓幅を長くすれば，周波数分解能は高くなりますが，一方で時間分解能が低くなるので，適当な長さの窓幅に留める必要があります．

上記の $X_N(k)$ は一般に**複素スペクトル** (complex spectrum) と呼ばれます．これは複素数であり，振幅と位相の両方の情報をもっています．音の大きさを表す音声の**パワースペクトル**は以下の式で表されます．

$$\begin{aligned} S_k &= \frac{1}{N}\left|X_N(k)\right|^2 \\ &= \frac{1}{N}\left|\sum_{n=0}^{N-1} x_N(n)e^{-j2\pi nk/N}\right|^2, \quad 0 \le k < N \end{aligned}$$

パワースペクトル S_k は k について $N/2$ を中心に対称になります．

パワースペクトルの例を図 2.4 に示します．縦軸は音圧レベル (dB) です．これは 0 ビン目から $N/2$ ビン目までのパワースペクトルを示したものです．周期 100 Hz〜200 Hz 程度の細かいギザギザがありますが，これは，声門波の基本周波数の高調波成分です．このギザギザを平滑化したものを包絡成分と呼びます．周波数軸方向にスペクトルがゆるやかに変化していることがわか

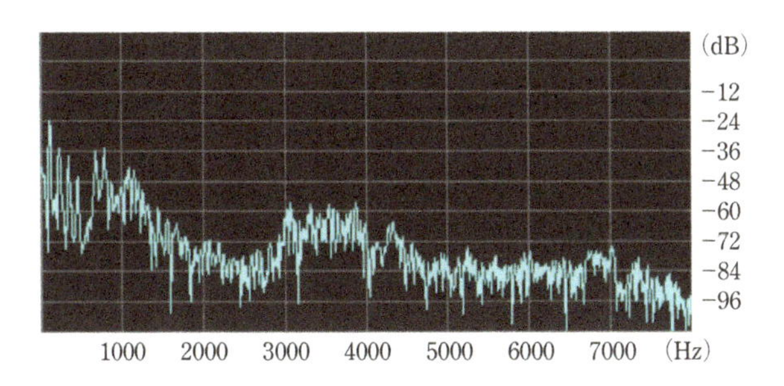

図 2.4 日本語母音「あ」のパワースペクトル．横軸は周波数 (Hz)，縦軸は音圧レベル (dB SPL).

ります．これは声道によるフィルタの特性を表しており，鋭いピークはフォルマント周波数に対応しています．パワースペクトルは音韻の違いにより変わります．この図から，パワースペクトルが声門波の高調波成分と声道による包絡成分を足し合わせたものとして表現されていることがわかります．この図の縦軸は対数ですから，ここでの足し算はパワースペクトルにおける掛け算に対応します．この関係については 2.2.3 項で考察します．

第 1 章で示したスペクトログラム (図 1.4) は，各フレームのパワースペクトルの強度を色で表し，それを時間軸方向に並べて表示したものです．これをよく観察すると，母音の部分にはいくつか横に帯状にパワーの大きい成分があります．子音/s/は高周波帯にパワーが観察できます．人間は音声を認識する際に音声波の位相の情報はほとんど使わずパワーの情報をもっぱら使っています．つまり，この図に音声の認識に必要な情報はほとんど含まれていることになります．

スペクトログラムリーディング

余談ですが，訓練を積むことで図 1.4 のようなスペクトログラムを見て，何としゃべっているかを当てることができるようになる人がいます．その技術はスペクトログラムリーディングと呼ばれます．これを自動音声認識のために役立てようとする研究が過去にありましたが，うまく行きませんでした．その技術をもっている人が，自分がどのような方法でスペクトログラムを読んでいるのかを他人に説明できなかったためです．

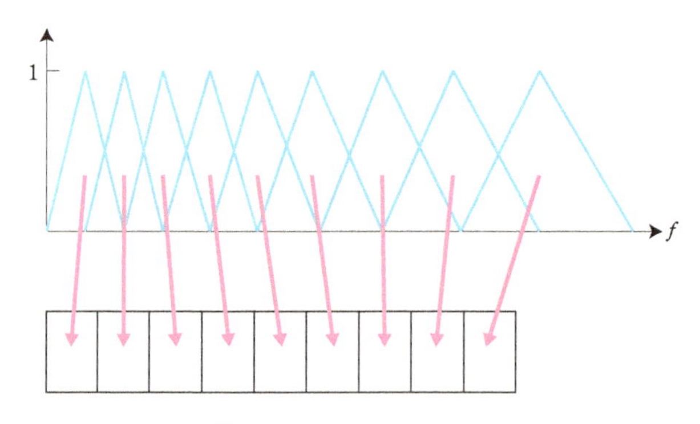

図 2.5 メルフィルタバンク.

2.2.2 メルフィルタバンク

次に，個別の周波数ビンの値をグループ化する処理を行います．これは，音声認識においてはビン幅程度の細かい周波数分解能は必要ないので，隣接したビンのパワーをまとめて分散を小さくするためです．1.1 節で述べたように人間の聴覚は高周波になるにつれて分解能が低くなり，それを反映した音の高さの尺度としてメル尺度[68] があります．ここでは，このメル尺度で周波数軸をとり，その上で均等幅になるようフィルタを割り振ります．これを**メルフィルタバンク** (mel filter bank) と呼びます．図 2.5 にその模式図を示します．フィルタバンクの個数は通常 20〜40 程度です．

次に，各々のメルフィルタバンクの出力を対数に変換し，対数スペクトルパワーとします．これは 1.1 節で説明したように，人間の聴覚の音のパワーに対する分解能が，パワーが大きくなるにつれ小さくなることを反映したものです．

2.2.3 ケプストラム特徴量

2.2.1 項でみたように，音声のパワースペクトルでは，その微細構造は声門波を，スペクトル包絡成分は声道のインパルス応答を表現しています．音声認識に必要なのは主に後者なので，それをパワースペクトルから取り出す方法を考えます．そのために**ケプストラム**[5] を用います．その目的は，パワースペクトルを変換してこの 2 つの成分の線形和に置き換え，フィルタリングによりこの両者を分離することです．ちなみに，ケプストラム (cepstrum)

という用語は，スペクトル (spectrum) の最初の 4 文字をひっくり返した造語です．

今，$y(n)$ を時刻 n の音声信号，$v(n)$ を時刻 n の声門波，$h(n)$ を時刻 n の声道のインパルス応答とすると，これらの間に以下の関係が成り立ちます．

$$y(n) = \sum_{m=-\infty}^{\infty} v(m) \cdot h(n-m) = v(n) * h(n) \tag{2.5}$$

ここで $*$ は畳み込み和を示す記号です．すなわち，音声信号は，声門波に声道のインパルス応答を畳み込んだものです．式 (2.5) に対するフーリエ変換は以下のようになります．

$$Y(k) = V(k)H(k)$$

ここで，$Y(\cdot)$, $V(\cdot)$, $H(\cdot)$ は，それぞれ，$y(n)$, $v(n)$, $h(n)$ のフーリエ変換です．音声信号のパワースペクトル $S(k)$ は

$$S(k) = |Y(k)|^2 = |V(k)|^2|H(k)|^2$$

となります．両辺の対数をとると，

$$\log S(k) = 2\log|V(k)| + 2\log|H(k)|$$

となります．ここで対数をとるのは，人間の聴覚特性に対応するためです．対数領域では，パワースペクトルがスペクトル包絡と音源のスペクトル成分の線形和で表されていることがわかります．

さらに，このパワースペクトルの対数に対し逆離散フーリエ変換を適用します．

$$\begin{aligned}
c(n) &= \frac{1}{N}\sum_{k=0}^{N-1} \log S_k \exp\left(j\frac{2\pi kn}{N}\right) \\
&= \frac{1}{N}\sum_{k=0}^{N-1} \log S_k \cos\left(\frac{2\pi kn}{N}\right) \\
&= \frac{2}{N}\sum_{k=0}^{N-1} \log V_k \cos\left(\frac{2\pi kn}{N}\right) + \frac{1}{N}\sum_{k=0}^{N-1} \log H_k \cos\left(\frac{2\pi kn}{N}\right)
\end{aligned}$$

ここで，最初の式から 2 番目の式への変形では，2.2.1 項で述べたように S_k

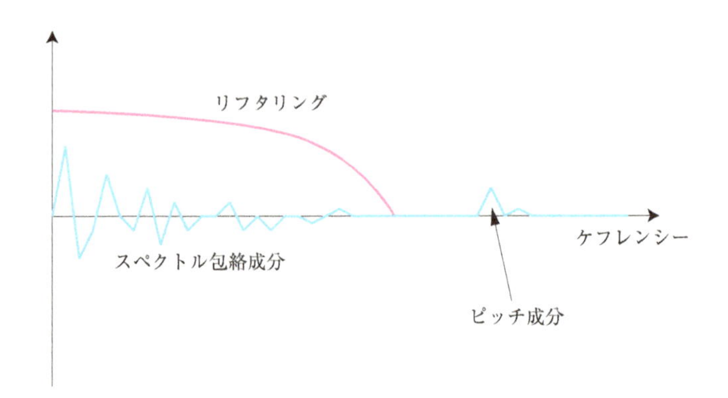

図 2.6 音声のケプストラムの模式図.

が対称性をもつことを利用し，sin 関数の項を除きました．この $c(n)$ がケプストラムです．これは時間と同じ次元をもちますが，その単位は特に**ケフレンシー** (quefrency) と呼ばれます．これは周波数 (frequency) から作られた造語です．

図 2.6 は横軸にケフレンシー，縦軸にケプストラムの値をとり，ある発声のケプストラムの分布を表したものです．スペクトル包絡の成分 H_k は低ケフレンシー領域に現れ，音源波 V_k は高ケフレンシー領域に現れます．ここで，**リフタリング** (liftering) (これも filtering からの造語です) を行い，低ケフレンシー成分 (スペクトル包絡) のみを取り出し音声認識に利用します．通常低い方から 10〜15 次元程度の次元数が用いられます．

メルフィルタバンクの対数スペクトルパワーのケプストラムを特に**メルケプストラム** (mel cepstrum) と呼びます．**メル周波数ケプストラム係数** (mel frequency cepstral coefficient; MFCC) とも呼ばれることも多くあります．

2.2.4 差分特徴量

音声認識のためには，各時刻の静的な特徴以外にも，特徴がどのように変化したかを表す動的な特徴も有効です．第 4 章で後述するように，認識モデルとして隠れマルコフモデルなどの時系列を表現できるモデルを用いますが，必ずしも動的な特徴をすべて表現できるとは限りません．そこで，隣接したフレーム間でケプストラムの差分をとり，それを特徴量とします．これは差分ケプストラムあるいは**デルタケプストラム** (delta cepstrum) と呼ばれます[16].

$$\Delta c_n(t) = \frac{\sum_{k=-K}^{K} k c_n(t+k)}{\sum_{k=-K}^{K} k^2}$$

一般的には前後のフレーム数 K は 2～5 の値がとられます．また，しばしば，このようにして求めた差分特徴量についてさらに隣接フレーム間の差分をとり，それを特徴量として加えることもあります．これは二次差分特徴量，二次デルタ特徴量と呼ばれます．差分特徴量を用いることにより一般に認識性能が向上します．

2.2.5 音声パワー

すべてのメルフィルタバンクの出力の和の対数値 (全帯域対数パワー) は音声の特徴として有効です．ただ，この特徴量はマイクロホンの音量に依存するので，マイクロホンの音量をあらかじめ制御できない場合には用いることができません．一方，以下の式で表されるその前後のフレームからの差分，すなわち**パワー差分** (delta power) はしばしば音声特徴量として用いられます．

$$\Delta P_n(t) = \frac{\sum_{k=-K}^{K} k P_n(t+k)}{\sum_{k=-K}^{K} k^2}$$

パワー差分の差分，すなわち二次差分も特徴量として用いられることがあります．

2.2.6 まとめ

以上をまとめると，音声認識のための音声分析では，以下の手順で 10 ms ごとに音声特徴量が出力されます．

1. AD 変換．16 (kHz) 程度のサンプリング周波数が用いられる．
2. 高域強調．$H(z) = 1 - 0.97z^{-1}$ のフィルタが用いられる．
3. 時間窓かけ．フレーム長 30 ms，フレーム間隔 10 ms でハミング窓が用いられる．
4. 高速フーリエ変換．周波数分解能は 30 Hz ほど．

5. メルフィルタバンクを適用し対数化．20 次元程度にする．
6. ケプストラム変換．12 次元程度にする．
7. デルタ特徴量の計算．

得られた特徴量は，通常それらを要素とするベクトルで表現されます．このベクトルは特徴ベクトルと呼ばれます．特徴ベクトルにおける特徴量の代表的な組み合わせは以下の 4 通りです．

1. ケプストラム 12 次元，対数パワー一次差分，ケプストラム一次差分 12 次元の計 25 次元
2. 1. に対数パワーを加えた 26 次元
3. 1. に対数パワー二次差分，ケプストラム二次差分 12 次元を加えた 38 次元
4. 3. に対数パワーを加えた 39 次元

2.3 音声特徴量の量子化

特徴ベクトルは実数のベクトルです．音声認識においては，特徴ベクトル間の類似度を測ったり，それらの分布を用いたりします．ここで類似度の代わりにしばしば距離という用語が使われます．距離が小さいことと類似度が大きいことは同義です．特徴ベクトル間の距離を計算するためにはある程度の量の計算資源が必要です．必要な計算資源を節約するためにしばしば**ベクトル量子化** (vector quantization) という技術が使われます．これは，画像の圧縮などでもよく用いられる技術です．

ベクトル量子化では，以下の手続きに従い，特徴量空間をいくつかの互いに重ならない空間に区分けし，それぞれの空間に対して離散シンボルを割り当てます．距離としてはさまざまなものが考案されていますが，例えば，特徴ベクトルが張る多次元ユークリッド空間におけるユークリッド距離がしばしば用いられます．

1. 特徴ベクトル空間をいくつかの部分空間に分割し，それぞれの部分空間に符号 (コードワード) を割り当てる (コードブックの作成)．
2. 部分空間ごとに代表ベクトル (コードベクトル) を求める．

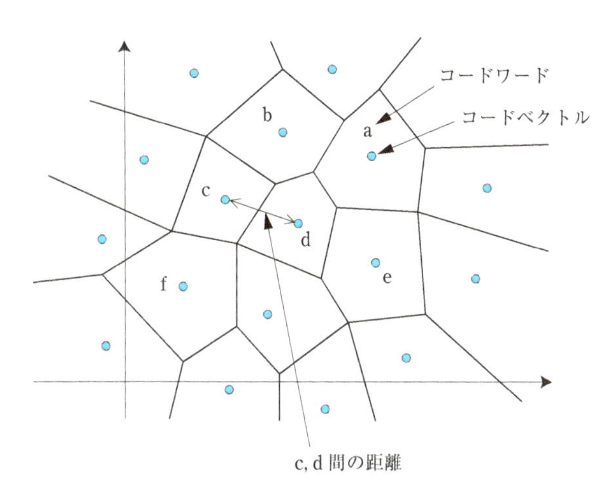

図 2.7 2 次元特徴量に対するベクトル量子化の例.

3. コードベクトル間の距離値を用いてコード間の距離テーブルを作る.

その例を図 2.7 に示します.

このようにすることで，多次元の特徴ベクトルの代わりに離散シンボル 1 つを記憶すればよいので記憶領域の節約になります．また，特徴ベクトル間の距離を求めたいときに，離散シンボル同士の距離テーブルをあらかじめ用意し，それを参照 (Table Look-up) して用いることで計算量を削減できます．一方で，離散シンボル間の距離は，実際の特徴量ベクトル間の距離とは違います．これらの差は量子化ひずみと呼ばれ，性能劣化の原因となります.

ベクトル量子化のためのコードブックは，特徴ベクトルのクラスタリングにより構築されます．よく用いられるのは **k-means アルゴリズム**[67] です．例えばクラスタ (コードワード) を K 個もつコードブックを作成する場合のアルゴリズムは以下のようになります.

1. 初期設定として，コードベクトルを $\{z_i;\ i=1,\ldots,K\}$ とし，$D_0=\infty$ と置きます．また，しきい値 σ を定めます.
2. データ $\{x_n\}$，$n=1,\ldots,N$ の各々のサンプルに対し，対応するコード $c(n)$ を求めます.

$$c(n) = \underset{i}{\text{argmin}} \, ||x_n - z_i||$$

3. 各コードベクトル z_i を以下の式を用いて更新します.

$$\hat{z}_i = \frac{\displaystyle\sum_{c(n)=i} x_n}{\displaystyle\sum_{c(n)=i} 1}$$

4. すべてのデータサンプルにわたる量子化誤差の総和を求めます.

$$D = \sum_{n=1}^{N} ||x_n - z_{c(n)}||$$

5.
$$T = \frac{D_0 - D}{D_0 + D}$$
を計算し, $T \leq \sigma$ なら終了します. $T > \sigma$ なら,
$$\begin{aligned} z_i &= \hat{z}_i, \quad i = 1, \ldots, K \\ D_0 &= D \end{aligned}$$
として, 2 に戻ります.

k-means アルゴリズムでは, 総距離 D は増加しないこと (非増加) が保証されます. 局所的な最適解しか得られないため, 初期値により結果が変わります. したがって, 初期値の設定方法が重要になります.

初期値の設定も含めたコードブック作成アルゴリズムとしては **LBG アルゴリズム**[43] がよく用いられます. これは, その 3 人の提案者, Linde, Buzo, Gray の頭文字から名付けられました. 2 分木の形でコードを生成するアルゴリズムです. コードブックサイズは 2 のべき乗になります.

1. まず, 学習データサンプル全体の平均ベクトル z_0 を求めます.
2. z_0 をお互いの反対方向に少しだけずらした 2 つのベクトル z_1, z_2 を作成します.
$$z_1 = z_0 + \delta, \quad z_2 = z_0 - \delta$$
3. z_1, z_2 を初期コードベクトルとし, k-means アルゴリズムを用いて, コードブックサイズ 2 のコードブックを作成します.

4. さらに z_1 と z_2 の各々に対し，2. と同様の手続きを行い，生成された4つのベクトルを初期値として，k-means アルゴリズムを用いてコードブックサイズ4のコードブックを作成します．
5. 2.〜4. と同様の手続きを繰り返し，所望のコードブックサイズになったら停止します．

Chapter 3

音声認識とは

前章では音声認識に必要な特徴量を抽出する方法について説明しました．ここからは，それらの特徴量を入力として音声を認識する方法を学びます．本章では，最初に音声認識を方式や用途の観点から分類し，その後，最も基本的な手法であるDPマッチングについて説明します．

3.1 音声認識の分類

音声認識には用途に応じていくつかの種類があり，それに応じて方式も異なります．まず，発声できる内容の違いでの分類は以下のようになります．

- 音声認識
  - 離散単語認識
  - 連続音声認識
    - 連続単語認識
    - 文認識

また，使用者の観点からの分類として，特定話者認識と不特定話者認識があります．これらについて順番に説明します．

3.1.1 離散単語認識

使用者が発声する「単語」を認識する認識方式を**離散単語認識** (isolated word recognition) といいます．語彙はあらかじめ定められており，使用者があらかじめ発声可能な語彙が何かを把握している必要があります．後述す

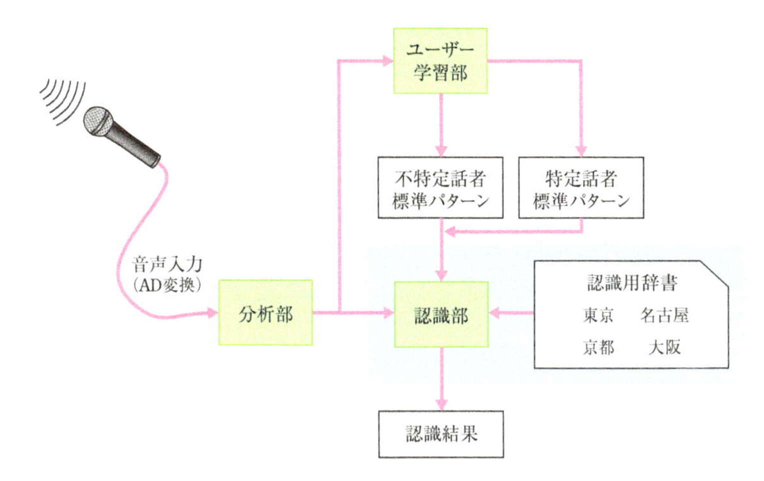

図 3.1 離散単語発声に対する音声認識システム.

る連続音声認識と違い，単語間の関係を考慮する必要がないので，認識のアルゴリズムはより単純です.

図 3.1 に離散単語認識システムの構成例を示します．音声はマイクロホンを用いて収録され，第 2 章で説明した音声分析で入力パターンに変換され，認識部に送られます．それとは別に認識対象の単語の辞書とその各々に対応する標準パターンが用意されます．パターンマッチング部で，認識対象の各々の単語の標準パターンと，入力パターンとの類似度を測り，最も類似度の高いパターンに対応する単語を認識結果とします.

近年でも都市名の認識や名字の認識などに使われることがあります．しかし，これらのタスクは認識候補の数が多く，その中には音韻的に類似した単語が多数含まれます．そのため性能は高くありません.

なお，2.1.4 項で述べたように，音声区間検出で切り出された音声は前後に無音があります．これは発声が異なっても共通であると考えられるので，無音区間の標準パターンを作り，それをそれぞれの単語の標準パターンの前後に接続して用います.

商用の離散単語認識システム

音声認識の初期の商用システムに，Yes と No (「はい」と「いいえ」) の2 単語の音声の認識をするシステムがありました[42]．しかし，このシステムはなかなか普及しませんでした．使用者に決まった発声をしてもらうのは実用上は難しいものです．例えば，「あー」などのフィラーワード (filler word) を発声したり，言い間違えたり，「はい，そうです」などと余計な単語を付け加えたりすることはよくありますが，これらの場合はすべて誤認識になります．対策としては使用者が発声しそうな単語をすべて辞書に登録することが考えられますが，実用場面で出現するさまざまな単語をすべて網羅することは困難であり，また，単語数が増えすぎて認識性能が低下してしまいます．

3.1.2 連続単語認識

複数の単語からなる単語列を認識する手法は**連続音声認識** (continuous speech recognition) と呼ばれ，連続単語認識と文認識とに大まかに分けられます．ここで**連続単語認識** (concatenated word recognition) では，比較的簡単な文法により生成される単語列を認識します．

連続単語認識では，上の離散単語認識と違って単語の列を認識する必要があるので，単語間のつながりを表現する規則の集合が必要です．一般にこれを**言語モデル** (language model) と呼びます．それに対し，各単語の標準パターンは**音響モデル** (acoustic model) と呼ばれます．連続単語認識の言語モデルは，一般に正規文法です．つまり，いくつかの状態をもち，単語を入力として遷移を行う有限状態オートマトン (単語ネットワーク) として表現されます．

連続単語認識は，例えば郵便番号や電話番号など，決まった桁数の数字やアルファベットの列を認識する方法です．単語の出現頻度など，言語的知識は一般に用いません．比較的高い性能を得やすい応用です．

3.1.3 文認識

文認識 (sentence recognition) は比較的語彙サイズが大きい，一般的な単語列を認識する手法です．文法を定義することが難しく，また，前述の有限状態オートマトンをそのまま適用すると探索空間が広くなりすぎて，手に負えない問題でしたが，n **グラム** (n-gram)，つまり，n 単語連鎖の確率を用いる統計的言語モデルにより，実用に耐える性能をもつまでになりました．語彙サイズは通常3万語程度ですが，それでたいていの用途には間に合います．詳しくは第5章，第6章で説明します．

3.1.4 音声認識の評価基準

音声認識は，結果を返すまでの時間が速いほど，また，誤認識が少ないほど，性能が高いと言えます．

まず，応答時間の速さは応用場面では極めて重要です．一般に**実時間比** (real time factor; RTF) で測ります．これは，1つの音声フレームの音声を処理するのに要した時間を1フレームの長さで割った値です．例えば発声が終わってから，その発声の認識処理を始めたのでは，発声終了後すぐに結果が表示されず使用感を損ないます．そこで多くの音声認識手法は，発声が始まったことを検出した後，音声フレームごとに分析処理を行い，その結果を用いてそのフレームの音声に対する認識処理を行います．これをフレーム同期処理と呼びます．その場合でもRTFが1より大きい場合は発声が終了しても認識処理が続くことになるので，発声が終わってすぐ結果を表示する必要がある場合はRTFは1以下である必要があります．認識におけるフレーム同期処理については，3.2節で説明します．現在は，計算機の能力も高くなり，速度が問題になることはあまりなくなりましたが，携帯端末などの小型機器のハードウェアで認識処理を行う場合には気を付けなければいけません．

音声認識の認識性能は一般に**単語認識率** (word recognition rate) で評価されます．離散単語認識の場合はその定義は明らかで，総発声単語における正解単語の割合になります．連続音声認識の場合は，文単位で誤りを評価したほうがよいように思われます．ただ，話し言葉における文の定義はまだ明確に定まっていません．現状では，一続きの発声を文とみなしています．さらに，文を構成している単語のうち1つでも誤ると文全体で認識率が0%になりますが，そうすると長い文ほど認識性能が低くなり，認識性能の評価には不都合です．そこで，連続音声認識でも，もっぱら単語を単位として認識性能を評価します．その場合，誤りは以下の 3 種類に分けられます．ある単語を別の単語に間違える**置換誤り** (substitution error)，正解には存在しない単語が誤って挿入される**挿入誤り** (insertion error)，正解に存在する単語が認識されない**脱落誤り** (deletion error) です．

今，正解における単語数を all, そのうち正しく認識した単語数を cor，置換誤りを sub, 削除誤りを del，挿入誤りを ins と書くことにします．まず，正解の単語数に対する正しく認識した単語数の割合を表す，**単語正解率** (percent correct; PC) は以下の式で表されます．

$$\mathrm{PC} = \frac{\mathrm{cor}}{\mathrm{all}} \times 100 = \frac{\mathrm{all} - \mathrm{sub} - \mathrm{del}}{\mathrm{all}} \times 100$$

この単語正解率 (PC) では，挿入誤りが考慮されていません．つまり，挿入誤りが増えても正解率は変わりません．それでは困るので，挿入誤りも考慮した，以下の**単語正解精度** (word accuracy; WA) がよく用いられます．

$$\mathrm{WA} = \frac{\mathrm{cor} - \mathrm{ins}}{\mathrm{all}} \times 100 = \frac{\mathrm{all} - \mathrm{sub} - \mathrm{del} - \mathrm{ins}}{\mathrm{all}} \times 100$$

この単語正解精度 (WA) では，挿入誤りが多くなると負の値をとることもあり，厳密には「率」ではありません．ただ，実用上は WA が使われることが多く，日本語では便宜上 WA を単語正解率と呼ぶことが多いようです．

3.1.5 特定話者認識と不特定話者認識

音声は話者によってその特徴が大きく異なります．したがって，ある特定の話者の音声を使ってシステムを構築することで，その話者の性能が高くなります．これを**特定話者音声認識** (speaker-dependent speech recognition) と呼びます．音声認識は最初は特定話者音声認識から実用化されました．主な用途の 1 つはディクテーションです．これは，音声を自動的に書き起こす技術です．使用者は，使用前に 10 分から 1 時間程度，あらかじめ指定された文章を読み上げた音声を入力し，システムはその音声を用いてその使用者向けの標準パターンを作成します．ある程度手間をかけても，高い性能が欲しいときに使われます．例えば，放射線科医が X 線画像を見ながら，それに対する所見を入力するときに使用されます．他の話者の使用は想定していません．他の話者の発声に対する認識性能は低くなります．

しかし，例えば，公共スペースでの音声認識では，特定の話者ではなく不特定の多くの話者の音声を認識する必要があります．そのような場合，個々の話者に事前に音声入力をしてもらうことは非現実的です．そこで，話者を特定せず誰の声に対しても認識を行う，**不特定話者音声認識** (speaker-independent speech recognition) が用いられます．この場合，多くの人の特徴に合わせた，いわば万人向けの標準パターンを事前に多くの人の音声を用いて作成します．不特定話者音声認識は，話者が制限されない分だけその使用範囲は広いものの，特定話者音認識よりも一般に認識性能は低くなります．なお，ごく少量の使用者の発声を用いて認識性能を向上させる話者適応の技術がしばしば用いられます．これについては，第 8 章で解説します．

3.2 DP マッチング

本節では，音声認識の最も基本的な手法である DP マッチング[60] について説明します．

3.2.1 離散単語認識

まず最も簡単な特定話者の離散単語認識について説明します．辞書中の単語の各々をあらかじめ使用者が発声しておきます．そして，それらの音声に対し音声分析を行い，標準パターンを作成します．これは，音声分析の結果得られた特徴ベクトルの時系列で，その長さは発声長に相当するフレーム数です．同様に入力パターンも作成します．さて，ここでの課題はこの 2 つのパターンの間の距離をどのように測るかです．

もし両方のフレーム数が同じだったら話は簡単です．まず，フレームを 1 対 1 に対応付け，対応付けられたフレームにおける特徴ベクトル間の距離を測ります．この距離をここではフレーム間距離と呼びます．そして，全フレームに渡りフレーム間距離の和をとればよいのです．ここで，2.3 節で述べたベクトル量子化 (VQ) を用いることにします．そうすると，パターンは記号列で表現され，記号間の距離はあらかじめ用意した距離テーブルを参照することで獲得できます．

しかし，話者ごと，発声ごとに，入力パターンの長さは異なります．その場合，フレーム間をどのように対応付けたらよいでしょうか．さまざまな対応付けの中で，フレーム間距離の全フレームにわたる総和がより少ない方法

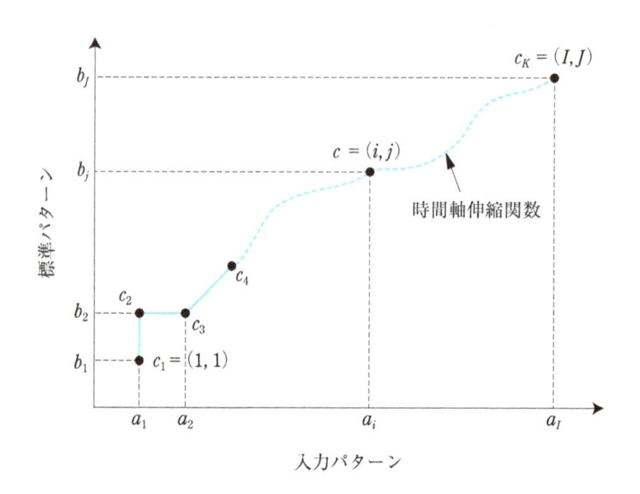

図 3.2 DP 平面と時間軸伸縮関数.

がよりよい方法と言えます．そうすると問題は，この総和が最も小さい対応付けをどのように求めるかです．

今，入力パターンのフレーム数を I，標準パターンのフレーム数を J とすると，可能な対応付けの種類数は，I^J あるいは，J^I という数になります．フレーム数は一般的に 100 以上になりますから，天文学的数字です．これを計算するのは困難です．以下，この計算量を削減するための効率的な方法，**DP マッチング** (DP matching) について説明します．ここで，DP とは**動的計画法** (dynamic programming) の略です．

入力パターン を $A = a_1, a_2, \ldots, a_I$，標準パターン を $B = b_1, b_2, \ldots, b_J$ とします．入力パターンのある記号 a_i と標準パターンのある記号 b_j の間の距離 $d(a_i, b_j)$ を以下のように定義します．

$$d(a_i, b_j) = \| a_i - b_j \|^2$$

ここで，入力パターンを横軸に，標準パターンを縦軸にとった，図 3.2 に示す平面を考えます．この平面を特に **DP 平面**と呼びます．両者のある 1 つの対応付けはこの平面上での 1 つの経路として表現することができます．ここで経路を表現するために，以下の**時間軸伸縮関数** (time warping function) F を定義します．

$$
\begin{aligned}
F &= c_1 c_2 \cdots c_K \\
c_k &= (i_k, j_k)
\end{aligned}
$$

ここで i, j はそれぞれ k に対応する DP 平面上の入力パターン，標準パターン上の位置を示します．そして，累積距離 $g(c_K)$ を以下のように定義します．

$$
g(c_K) = \frac{1}{I+J} \sum_{k=1}^{K} d(c_k) w_k \tag{3.1}
$$

ここで，w_k は**市街地距離** (city block distance) で，以下のように定めます．

$$
\begin{aligned}
w_k &= (i_k - i_{k-1}) + (j_k - j_{k-1}) \\
\sum_{k=1}^{K} w_k &= I + J
\end{aligned}
$$

これで，パターンマッチングは，この DP 平面上で $g(K)$ を最も小さくする経路，すなわち，時間軸伸縮関数 F を探す探索問題として定式化されました．

可能な経路としてさまざまなものが考えられますが，計算量を減らすために，音声の性質を利用して経路の数を減らすことを考えます．まず，すべての経路で両端が一致するように以下の制約を課します．

$$
\begin{aligned}
c_1 = (i_1, j_1) = (1, 1) \\
c_K = (i_K, j_K) = (I, J)
\end{aligned}
$$

また，音声では音韻の順序が変わると異なる単語になってしまいます．そのため，k が増加していくときに，時間軸伸縮関数 F が時間軸において逆方向に進む，つまり DP 平面上で右上から左下の方向に逆戻りすることは考えられません．さらに，ある音韻を取り去ると別の単語になる可能性があるため，極端なフレームのスキップも考えられません．以上の考察から，以下の単調性，連続性の条件を課すことにします．

$$
\begin{aligned}
i_{k+1} &= i_k \text{ or } i_k + 1 \\
j_{k+1} &= j_k \text{ or } j_k + 1
\end{aligned}
$$

その上で動的計画法の考え方で計算を行います．ポイントは，DP 平面上の各格子点において，その点に到達した経路すべてを記憶しておく必要はなく，最もコストの小さい経路のみを記憶しておけば十分であるという点です．

まず，部分系列 $c_1, c_2, \ldots, c_k$ の累積距離 $g(c_k)$ は以下のように計算されます．

$$\begin{aligned} g(c_k) &= \min_{c_1,\ldots,c_k} \left\{ \sum_{l=1}^{k} d(c_l) w_l \right\} \\ &= \min_{c_1,\ldots,c_k} \left\{ \sum_{l=1}^{k-1} d(c_l) w_l + d(c_k) w_k \right\} \\ &= \min_{c_k} \left\{ \min_{c_1,\ldots,c_{k-1}} \sum_{l=1}^{k-1} d(c_l) w_l + d(c_k) w_k \right\} \\ &= \min_{c_k} \{ g(c_{k-1}) + d(c_k) w_k \} \end{aligned}$$

ここで，簡単のため，$i = i_k$, $j = j_k$ とおくと

$$g(c_k) = g(i,j) = \min \begin{cases} g(i, j-1) + d(i,j) \\ g(i-1, j-1) + 2d(i,j) \\ g(i-1, j) + d(i,j) \end{cases} \tag{3.2}$$

となります．つまり，ある格子点における累積距離は，その点における距離 d とそこに至る経路上の直前の格子点における累積距離 g と経路の重み w_k のみで決まり，経路をそれ以上さかのぼる必要がありません．つまり，その直前の格子点に至る経路はたくさんありますが，それらの各々の経路の累積距離を別々に覚えておく必要はないのです．

DP 平面の左下隅から右上隅に向かい，上の式を用いて格子点上の累積距離を求めていきます．最終的に時間軸正規化後の累積距離は

$$\frac{g(I,J)}{I+J}$$

と計算されます．

異なる経路ごとに独立に計算するとたいへんな計算量になりますが，この計算法では，小さい部分問題から，徐々に大きな部分問題まで段階的に解いていくことによって，余分な計算を省いています．計算量を見積もってみます．仮に，$I = J = 50$ とすると，総当たりでは I^J (もしくは J^I) 個の対応付けがあり，それは 8.8×10^{84} です．一方，DP マッチングでは $3 \times I \times J$ 個で，7.5×10^3 です．大幅に計算量が削減されていることがわかると思い

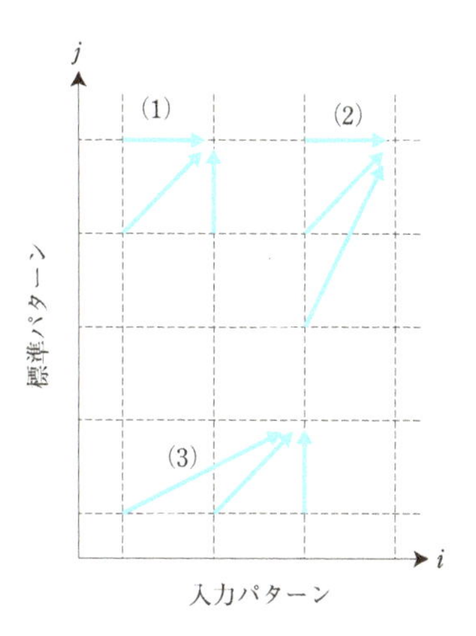

図 3.3 DP マッチングにおける傾斜制限．(1) は式 (3.2)，(2) は式 (3.3)，(3) は式 (3.4) に対応．

ます．

DP マッチングにおける経路の制限は，用途によりさまざまなものが用いられます．式 (3.2) 以外には，以下の 2 種類がよく用いられます (図 3.3)．

$$g(i,j) = \min \begin{cases} g(i-1,j) + d(i,j) \\ g(i-1,j-1) + d(i,j) \\ g(i-1,j-2) + d(i,j) \end{cases} \tag{3.3}$$

$$g(i,j) = \min \begin{cases} g(i,j-1) + d(i,j) \\ g(i-1,j-1) + d(i,j) \\ g(i-2,j-1) + d(i,j) \end{cases} \tag{3.4}$$

これらの場合，式 (3.2) の場合と異なり，式 (3.1) で導入した市街地距離 w_k が用いられないことに注意してください．式 (3.3) の場合は入力パターンのフレーム数，式 (3.4) の場合は標準パターンのフレーム数で正規化します．

音声認識では，音声区間検出が必ずしもいつも正しいとは限らず，検出結果の与える音声の始端や終端は信頼できません．異なる始端や終端をもつ経路から選択をすることが必要になります．その場合は，式 (3.4) を用いて，

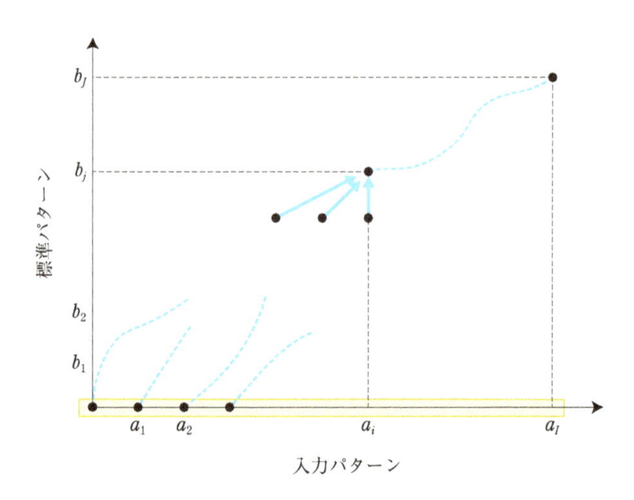

図 3.4 端点フリー DP マッチングの概念図.

端点フリー DP マッチング (endpoint-free DP matching) を行います (図 3.4). そこでは，各格子点において，異なる始点からの経路や異なる終点までの経路の比較をすることで，始端点と終端点についても最適なものを選択することができます．時間軸方向の長さが定まっていないので，正規化は標準パターンのフレーム数 J で行います．

式 (3.2), (3.4) では，$g(i,j)$ を計算するときに，$g(i,j-1)$ など同じ時刻の他の要素の値を用いていました．また，式 (3.4) は 2 つ前の時刻の $g(i-2,j-1)$ も用いていました．これに対し，式 (3.3) は前の時刻 $(i-1)$ の g の情報しか用いません．利点としては 3 つあります．まず，正規化は入力パターンの長さを用いて行われますが，その値は全標準パターンについて共通なので，実際には正規化の必要がありません．また，前時刻の同じ位置 (j) に上書きすることができるので，実行時に必要なメモリ量は $(J+1)$ 次元の配列のみでよく，メモリが節約できます．

大語彙認識では，しばしばすべての可能な経路を探索すると計算量が膨大となり，実時間での実行が難しいことがあります．その場合，探索の途中で最適経路より累積距離が著しく小さい累積距離をもつ格子点について，そこから先の経路を計算しないことで，計算量を削減する方法がしばしば用いられます．この探索方法を**ビームサーチ** (beam search) と呼びます．なお，ビームサーチは最適ではありません．すなわち，最も累積距離の小さい経路を削ってしまうことがあります．

式 (3.3) では，時間軸に沿って累積距離を計算し，同じ時刻の経路のうち，最も小さい累積距離に比べ，ある程度以上大きい累積距離をもつ経路は，それ以上探索の対象から外すことで，計算量の削減を行うことができます．これが式 (3.3) を用いる 3 つ目の利点です．この方法を特に**フレーム同期ビームサーチ** (frame-synchronous beam search) と呼びます．このサーチでは，各時刻 i において，すべてのフレーム j の累積距離の中で最も小さい値を求めます．

$$g_{\min}(i) = \min_{j} g(i,j)$$

次に，すべてのフレーム j について以下の処理を行います．

$$g(i,j) = \infty, \quad \text{if } (g(i,j) - g_{\min}(i)) > \delta$$

δ は累積距離の差に対する閾値で，あらかじめ実験的に最適な値を求めておきます．

簡単な例として，以下の経路制限を用いた場合のアルゴリズムを示します．

$$g(i,j) = \min \begin{cases} g(i-1,j) + d(i,j) \\ g(i-1,j-1) + d(i,j) \end{cases}$$

まず，$(J+1)$ 次元の配列 G を用意し，最初の要素の添字を 0 とします．その上で以下の処理を行います．

1. 初期化を行う．

$$G(0) = 0$$
$$G(j) = \infty, \quad j = 1, \ldots, N$$

2. $i = 1$ から $i = I$ まで以下の処理を行う．

 2.1. $j = J$ から $j = 1$ まで，j について降順に，以下の処理を行う．

  2.1.1 距離 $D(j) = d(i,j)$ を計算．

  2.1.2 累積距離を計算．$G(j) = \min(G(j), G(j-1)) + D(j)$

2.2. $G(0) = \infty$

3. $i = I$ における $G(J)$ を累積距離とする．

さて，ここまではある時刻の 1 つの格子点において，その直前の格子点からそこに向かう経路については，どれも同等であるという仮定をおいていました．ここではその仮定を外すことを考えます．

$$g(i,j) = \min \begin{cases} g(i-1,j) + d(i,j) + p_0 \\ g(i-1,j-1) + d(i,j) + p_1 \\ g(i-1,j-2) + d(i,j) + p_2 \end{cases}$$

p_1, p_2, p_3 の値は，多くの場合，実験で最適化します．標準パターンのフレーム j ごとに違う値を用いることも考えられます．その場合，第 4 章で説明する隠れマルコフモデルとほぼ同等のモデルになります．

3.2.2 連続単語認識

さて次は連続単語認識のアルゴリズムについて考えましょう．連続単語認識では，その文法はいくつかの状態をもつ単語ネットワークとして表現されます．

基本的には，複数の単語から構成される単語列の中から，単語における累積距離の総和が小さくなる単語列を探索する問題です．この場合，同じ単語列でも，それぞれの単語の開始時刻 (始端) と終了時刻 (終端) が異なる場合がありますので，単語とその始端と終端の 3 つ組について，探索します．

すべての可能な単語列とマッチングを行う場合，N 種類の単語から K 個選ぶ組み合せは N^K となり，その計算量は膨大です．そこで，ここでも DP マッチングの考え方を利用した方法で計算量を削減します．主な方法として 2 段 DP マッチング，レベルビルディング法，ワンパス DP マッチングの 3 種類の方法があります．

2 段 DP マッチング[59] (two-level DP matching) では，DP を区間内と区間接続の 2 段階に分けて行います．区間内の DP マッチングでは，入力パターンにおけるすべての区間 $(s,t), 1 \leq s < t \leq T$ について，その区間の入力パターンとの距離が最も小さい単語 $w(s,t)$ と，そのときの距離 $d(s,t)$ を

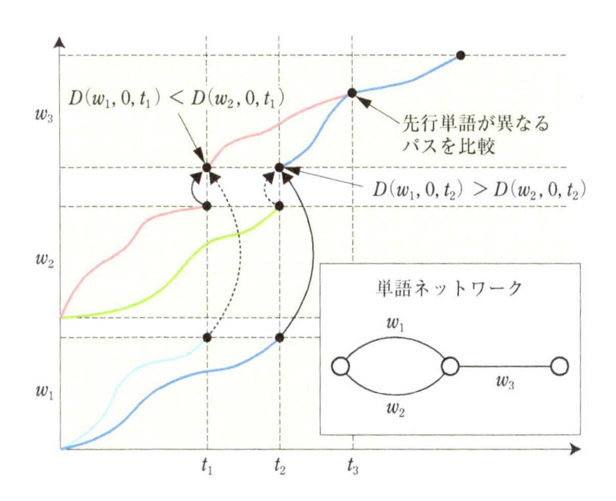

図 3.5 レベルビルディング法の説明図.

求めます. 区間接続では, 以下の D_T をあらゆる $m_1, \ldots, m_k$ の組み合わせについて求めます.

$$D_T = \min_{\{m_j\},k} \left\{ d(1, m_1) + d(m_1+1, m_2) + \cdots + d(m_k+1, T) \right\}$$

ここで, $1 \leq m_1 < m_2 < \cdots < m_k < T$ です. この D_T を最小にする単語列 $w(1, m_1), w(m_1+1, m_2), \ldots, w(m_k+1, T)$ が認識結果となります. 区間接続の DP マッチングは以下の式で行います.

$$\begin{aligned} D_0 &= 0 \\ D_n &= \min_{m=1,\ldots,n-1} (D_m + d(m, n)) \end{aligned}$$

2 段 DP では, 単語ごとに, すべてのフレームを始端にした終端フリー DP マッチングが必要となり, 計算量が多くなります. 以下に述べる**レベルビルディング法**[48] (level building) はその点を改良した手法です. 特徴は以下のように, アルゴリズムにおいて単語ネットワークにおける状態のループを一番外側にもってきている点です (図 3.5).

1. 状態のループ

   (a) 単語のループ

i. 標準パターンフレーム (j) のループ

A. 入力パターンフレーム (i) のループ

この方法では，単語ごとに両端フリー DP マッチングを行います．単語数の決まっている，桁固定の連続数字認識などに特に有効です．使用するメモリ量が比較的少ない反面，入力パターンの終端が決まってから開始するので，実時間処理には向いていません．

最後の**ワンパス DP マッチング** (one pass DP matching)[71] は実時間処理向けの方法です．ループの順序を変更し，フレーム同期処理を行います．

1. 入力パターンフレーム (i) のループ

(a) 状態のループ - 状態ごとに DP マッチング

i. 単語のループ

A. 標準パターンフレーム (j) のループ

レベルビルディング法と同様，単語ごとに両端フリーの DP マッチングを行います．桁数 (単語数) を固定した認識結果を得ることができないので，単語数を事前に指定しない桁フリー認識向けです．使用するメモリ量はレベルビルディング法に比べ多いものの，実時間処理に使えるという利点があります．

3.2.3 ワード・スポッティング

連続単語認識の場合，現実の入力はいつも文法通りとは限りません．言いまわしには自由度があります．また，「えーと」，「あのー」などの付加語が発声の前後や途中に挿入されることがしばしばあります．これらの付加語はしばしばフィラーワード (filler word) と呼ばれます．また，咳や周囲の音など雑音が発生することがあります．応用によっては，発声全体を正確に認識することは必要ではなく，音声入力からキーワードのみを認識できればよいことがあります．**ワード・スポッティング** (word spotting) はそのような場合に有効な方法です．

まず，最も簡単なのは，累積距離に閾値をあらかじめ設定した上で，両端点フリー DP マッチングを行い，その閾値より小さくなった場合にキーワー

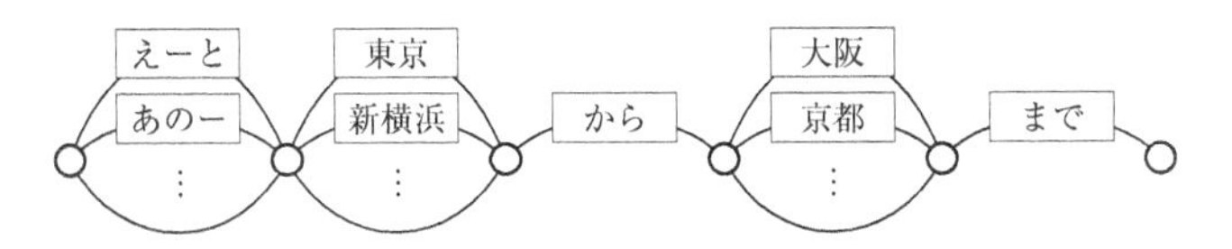

図 3.6 ワード・スポッティングのための単語ネットワークの例.

ドを検出したとみなす方法です．この方法は，キーワード以外の語彙をあらかじめ限定する必要がないという利点がありますが，背景雑音や別の単語を誤ってキーワードと認識してしまう「湧き出し」の誤りが多くなります．別の方法としては，言い回しの違いや付加語などを含んだ単語ネットワークを記述し，準端点フリーの DP マッチングを行う方法です．図 3.6 にその例を示します．すべての言い回しや付加語を含むことはできませんが，ある程度まで湧き出し誤りを抑えることができます．

Chapter 4

隠れマルコフモデル

ここまで解説してきた音声認識モデルの作成方法は単純であり，機械学習とは呼べないものでした．一般に，人間の音声にはさまざまな揺らぎがあります．原因としては，話者の違いや，周囲の音素 (文脈) の違い，周囲雑音などがありますが，これらの影響を取り除いたとしても，揺らぎは残ります．つまり，人間は同じように話しているつもりでも，実際には二度と厳密に同一の発声はできないのです．このような説明ができない揺らぎを扱うには確率論が有効です．すなわち，揺らぎを確率分布によって表現することで，たいていの場合にもっともらしい認識結果を得ることができます．ここではそのような考え方に基づき，大量のデータから頑健な認識モデルを構築する方法を学びます．

4.1 確率モデルを用いたパターン認識[4, 80]

入力データを音声の特徴ベクトルの時系列 $X = x_1, x_2, \ldots x_N$ とし，単語列を $W = w_1, w_2, \ldots w_K$ とします．確率モデルを用いるアプローチでは，入力データ X が与えられたときに，最も確率が大きくなるような単語列 W を認識結果とします．

$$W = \underset{W}{\operatorname{argmax}}\, P(W|X) \tag{4.1}$$

この式の右辺を**ベイズの定理** (Bayes' theorem) を用いて書き直すと以下のようになります．

$$P(W|X) = \frac{P(X|W)P(W)}{P(X)} \tag{4.2}$$

ここで $P(X)$ は単語列のすべての候補について共通なので無視します．すると，

$$W = \underset{W}{\operatorname{argmax}}\, P(X|W)P(W) \tag{4.3}$$

となります．つまり，単語列 W の候補各々について $P(X|W)$ と $P(W)$ を計算し，その積を最大にする W を認識結果として選びます．$P(X|W)$ を与える確率モデルが音響モデル (acoustic model)，$P(W)$ を与える確率モデルが言語モデル (language model) です．

以下，まず導入として，時系列信号に対する基本的なモデルであるマルコフ過程について説明し，その後，音響モデルとしてしばしば用いられる隠れマルコフモデルへと展開します．言語モデルは次章で説明します．

4.2 マルコフ過程

有限の離散シンボル $V = \{v_1, v_2, \ldots, v_M\}$ からなる時系列データのモデルを考えます．そして，観測された時系列データを $O = o_1, o_2, \ldots, o_T$ とします．例えば，毎日の天気予報を例にとると，$V = \{$ 晴れ, 曇り, 雨 $\}$ としたとき，観測される時系列は，例えば，$O =$ 晴れ, 雨, 晴れ, 曇り, ... となります．ある時系列 O が観測される確率 $P(O)$ は一般に以下のように書けます．

$$P(o_1, o_2, \ldots, o_T) = P(o_1) \prod_{t=2}^{T} P(o_t|o_1^{t-1})$$

ここで，$o_1^{t-1} = o_1, o_2, \ldots, o_{t-1}$ です．

1 階マルコフ過程 (first-order Markov process) ではある時刻の確率変数の値が直前の時刻の確率変数の値にのみ依存します．すなわち，以下の式で表されます．

$$P(o_1, o_2, \ldots, o_T) = P(o_1) \prod_{i=2}^{T} P(o_t|o_{t-1})$$

今，**状態** (state) の集合を $\Omega = \{1, 2, \ldots, S\}$ とします．ここで S は状態数です．1 階マルコフ過程では各々の状態 s が 1 つの離散シンボル v に対応

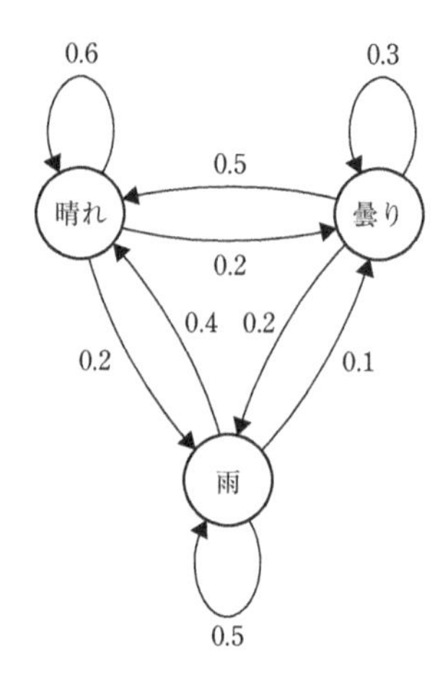

図 4.1 マルコフ過程の例．この例は日ごとの天気の変動をモデル化しています．3 つの状態 (晴れ，曇り，雨) をもち，各遷移に付随した確率で日ごとに状態遷移が起きます．

します．すなわち $S = M$ です．上の天気予報の例では，状態は 3 つあり，それぞれ，V の要素，晴れ，曇り，雨，のどれか 1 つに対応します．そして，時刻が 1 つ進むと，状態から状態へと遷移します．その際，遷移する確率は時刻によらず，直前にどの状態に存在するかのみに依存するとします．時刻 t における状態を q_t と書くと，

$$\begin{aligned} P(o_t = q_t \mid o_1 = q_1, o_2 = q_2, \ldots, o_{t-1} = q_{t-1}) P(o_t = q_t \mid o_{t-1} = q_{t-1}) \\ = P(q_t \mid q_{t-1}) \end{aligned}$$

となります．さらに，時刻 $t-1$ の状態 q_{t-1} から次の時刻 t に状態 q_t に遷移する確率，**遷移確率** (transition probability) を以下のように定義します．

$$a_{ij} = P(q_t = j \mid q_{t-1} = i), \quad 1 \le i, j \le S,$$

$$\sum_{j=1}^{S} a_{ij} = 1, \quad 1 \le i \le S$$

また，最初の時刻にある状態にいる確率，**初期確率** (initial probability) を

以下のように定義します．

$$
\pi_i = P(q_1 = i), \quad 1 \le i \le S,
$$
$$
\sum_{i=1}^{S} \pi_i = 1
$$

図 4.1 に一階マルコフ過程の例を図示します．この図は状態遷移図と呼ばれます．マルコフ過程では，あるシンボル列が出現した場合，それに対応する状態遷移は一意に定まります．

4.3 隠れマルコフモデルとは

音声認識においては確率モデルとしてしばしば**隠れマルコフモデル** (hidden Markov model; HMM) が用いられます．これはマルコフ過程に隠れ変数を導入したモデルです．大量のデータからの機械学習により，そのパラメータを自動推定する枠組みが存在します．すなわち，多数の話者の多数の音声のサンプルを用いて，より頑健な標準パターンを構成することが可能になります．

今，確率変数の時系列を $O = o_1, o_2, \ldots, o_T$，有限の離散シンボルを $V = \{v_1, v_2, \ldots, v_M\}$，状態を $\Omega = \{1, 2, \ldots, S\}$ と定義します．マルコフ過程の場合と異なり，シンボルの種類数 M と状態数 S は一般に異なります．遷移確率，初期確率はマルコフ過程の場合と同様です．

$$
\begin{aligned}
a_{ij} &= P(q_t = j | q_{t-1} = i), \quad 1 \le i, j \le S, \\
\pi_i &= P(q_1 = i), \quad 1 \le i \le S, \\
\sum_{j=1}^{S} a_{ij} &= 1, \quad 1 \le i \le S, \\
\sum_{i=1}^{S} \pi_i &= 1
\end{aligned}
$$

そして，新たに出力確率 $b_i(k)$ を定義します．

$$
b_i(k) = P(o_t = v_k \mid q_t = i),
$$

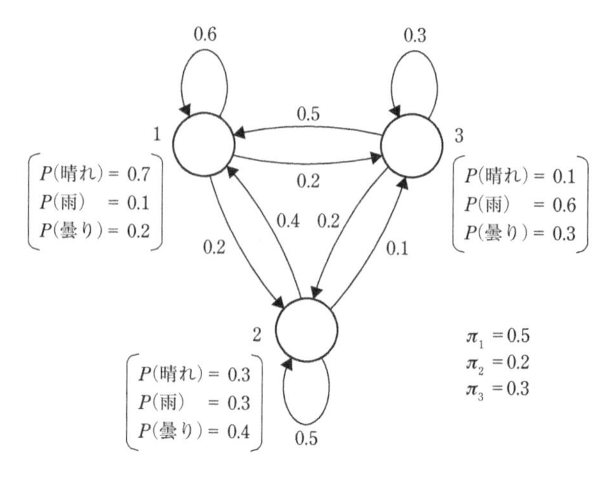

図 4.2　隠れマルコフモデルの例．図 4.1 と同様に天気の変化のモデル．各状態において複数のシンボルがある確率で生成されます．

$$\sum_{k=1}^{M} b_i(k) = 1$$

これは状態 i において，シンボル v_k が出力される確率です．つまり，マルコフ過程の場合と異なり，各状態から出力される可能性のあるシンボルは 1 つではなく，複数のシンボルがある確率で出現します．隠れマルコフモデルの例を図 4.2 に示します．

隠れマルコフモデルでは，マルコフ過程と異なり，同じシンボル列を出力する状態遷移が 1 つに定まりません．状態列が陽には観測不能，つまり，「隠れ」ています．それが隠れマルコフモデルの名前の由来です．

ここで，今後のために，遷移確率の集合 A, 出力確率の集合 B, 初期確率の集合 Π を以下のように定義しておきます．

$$A = \{a_{ij}\}$$

$$B = \{b_i(k)\}$$

$$\Pi = \{\pi_i\}$$

HMM パラメータの集合 λ は A, B, Π の 3 つ組として定義されます．

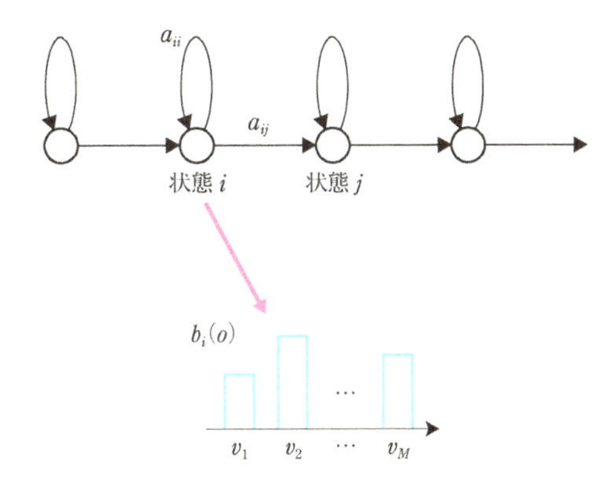

図 4.3 left-to-right HMM. 出力分布は離散分布.

$$\lambda = (A, B, \Pi)$$

なお，ここで説明したHMMは，出力確率分布が離散分布である**離散分布HMM** です．出力分布が離散分布以外をとる場合については 4.5.6 項で説明します．

4.4 音声認識のための隠れマルコフモデル

さて，音声認識のための隠れマルコフモデルはどのような状態と状態遷移をもつべきでしょうか．それは音声の特性を考慮して定めなければなりません．まず，離散単語認識について考えましょう．そこでは，辞書中の各々の単語を別々のHMMでモデル化し，入力音声を最も高い確率で出力するHMMに対応する単語を認識結果とします．

HMMの構造としては，図 4.3 に示す **left-to-right HMM** が一般に用いられます．この構造では状態が 1 列に並び，自己遷移と次の状態への遷移のみが許されます．なぜこのような構造にするのでしょうか．3.2 節で述べたDP平面 (図 3.2) をもう一度考えてみましょう．このときと同様に特徴ベクトルは量子化されていて，音声は記号列で表されているものとします．ある格子点から次の格子点に進む経路にコストを与えることを考えます．そして，経路としては，真横と斜め上の 2 つのみを許すことにします．すると，標準パターンは，各状態を1つの記号と対応させたleft-to-rightの構造をもつ1階マルコフ過程として表すことができます．すなわちleft-to-rightの構造をもつ1階マルコフ過程による認識はパスコスト付きのDPマッチングと等価です．

ただし，このままだと外れ値に対して頑健ではありません．例えば，たまたまある時刻の記号がめったに出てこないもので，どの状態からもそれに対応する状態への遷移確率が定義されていない場合，その記号を含む記号列の確率はゼロになってしまいます．このような現象を防ぎ，より頑健にするために，各状態において記号の出力確率を定義します．もし各状態においてどの記号の出力確率もゼロより大きければどのような記号列でも受け付けることができます．ただし，今度は同じ記号列でもどのような状態遷移を経てきたかが一意に決まりません．

4.5 HMMを用いたパターン認識

本章では，まず最初の3項で，隠れマルコフモデルを用いたパターン認識における以下の3つの基本問題について順番に考えていきます[54]．

1. モデルλと観測系列Oが与えられたとき，$P(O|\lambda)$を求める問題
   → HMMによる認識 (4.5.1項)
2. モデルλと観測系列$O = o_1, \ldots, o_T$が与えられたとき，最も確からしい状態系列$\mathbf{q} = (q_0, q_1, \ldots, q_T)$を求める問題
   → HMMの状態対応付け (4.5.2項)
3. モデルλと観測系列Oが与えられたとき，$P(O|\lambda)$を最大にするモデルのパラメータを求める問題 → HMMの学習の概要 (4.5.3項)

続く2項，4.5.4項，4.5.5項では，HMMの学習で用いるアルゴリズムについて，その基盤となる理論を与えます．なお，これら5つの項では，特に断らない限り，音声認識のためのleft-to-right HMMに限らず，一般のHMMについて考えます．また，これまでと同様，入力記号列Oは離散シンボル列(記号列)であると仮定します．最後の4.5.6項で，入力として多次元の実数ベクトルを用いる場合について解説します．

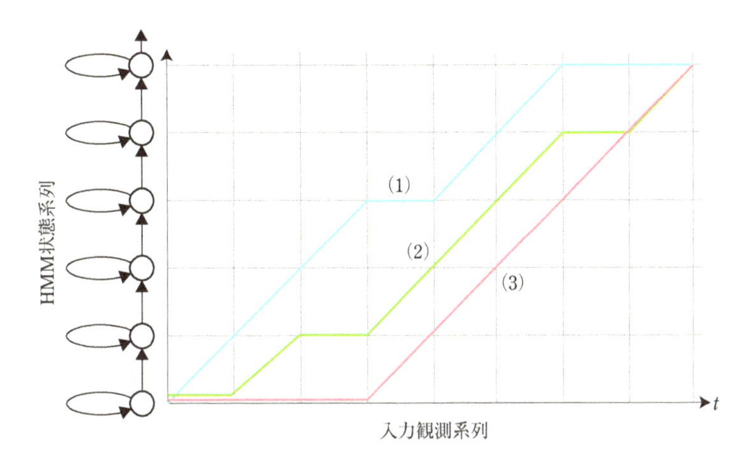

図 4.4 前向きアルゴリズム．前向き確率はすべての可能な経路 ((1),(2),(3) はその例) の確率の和として計算されます．left-to-right HMM における例を示します．

4.5.1 HMM による認識

以前と同様に，観測系列を $O = (o_1, \ldots, o_T)$, HMM のパラメータ集合を $\lambda = (A, B, \pi)$，モデル λ が系列 O を出力する確率を $P(O|\lambda)$ とします．$P(O|\lambda)$ はすべての可能な状態遷移系列における確率をすべて足し合わせた値です．そして各々の各状態系列は DP 平面における経路として表現されます．この足し合わせ演算は DP マッチングの場合と同様に効率的に計算されます．そのアルゴリズムを**前向きアルゴリズム** (forward algorithm)[4] と呼びます (図 4.4).

まず，**前向き確率** (forward probability) $\alpha_t(i)$ を導入し，以下のように定義します．

$$\alpha_t(i) = P(o_1, \ldots, o_t, q_t = i|\lambda)$$

DP マッチングのときと同様に，以下の手続きで効率的に計算することができます．

$$\alpha_1(i) = \pi_i b_i(o_1), \qquad 1 \le i \le S,$$

$$\alpha_t(j) = \left(\sum_{i=1}^{S} \alpha_{t-1}(i) a_{ij} \right) b_j(o_t), \qquad 2 \le t \le T,\ 1 \le j \le S,$$

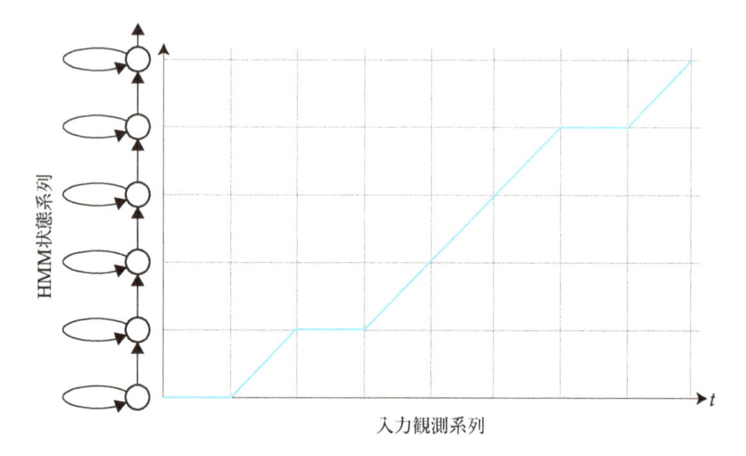

図 4.5 ビタービアルゴリズム．確率が最大となる経路を 1 つだけ求めます．left-to-right HMM における例を示します．

$$P(O|\lambda) = \sum_{i=1}^{S} \alpha_T(i)$$

そして，最終的に $P(O|\lambda)$ を得ることができます．

4.5.2 HMM の状態対応付け

次に，HMM の各状態と音声の各フレームとを対応付ける方法を考えます．これは**ビタービアルゴリズム** (Viterbi algorithm)[72] で実現することができます．先ほどの前向きアルゴリズムでは各点 (i, j) においてそこに至る経路の α の値の和をとっていましたが，ここでは，その中から確率が最大となる経路を 1 つ選択します (図 4.5)．

$$\delta_1(i) = \pi_i b_i(o_1), \qquad 1 \le i \le S,$$
$$\delta_t(j) = \max_{1 \le i \le S} (\delta_{t-1}(i) a_{ij}) b_j(o_t), \qquad 2 \le t \le T,\ 1 \le j \le S,$$
$$P^*(o|\lambda) = \max_{1 \le i \le S} \delta_T(i).$$

その際，各時刻 i で，選択した経路の直前時刻の状態 j を記憶しておきます．そして，最終時刻に達した段階で，逆向きに状態を辿ります．この手続きをバックトラック (back track) と呼びます．その結果，HMM の各状態と音声フレームとの対応付けを得ることができます．ビタービアルゴリズムは DP マッチングと等価です．

ここで注意すべき点は，ここで得た $P^*(O|\lambda)$ は，前向きアルゴリズムで得られる確率 $P(O|\lambda)$ とは一致しないことです．近似値に過ぎません．なお，ビタービアルゴリズムは状態対応付け以外にも，しばしば認識処理においてフォワード・アルゴリズムの代わりに用いられます．

4.5.3 HMM 学習の概要

次に学習についてです．学習は**バウム・ウェルチアルゴリズム** (Baum-Welch algorithm)[3] というアルゴリズムを用います．これはベイジアンネットワークにおける**前向き・後ろ向きアルゴリズム**[4] (forward-backward algorithm) ですが，HMM に対して使われるものについて歴史的経緯からこのように呼ばれています．そして，前向き・後ろ向きアルゴリズムは，隠れ変数のある確率モデルに対して用いられる **Expectation-Maximization (EM) アルゴリズム**[14] をベイジアンネットワークに適用したものです．EM アルゴリズムについては続く 4.5.4 項でより詳しく説明します．

以下，バウム・ウェルチアルゴリズムについて直感的な説明をします．まず，何らかの方法で，HMM のパラメータ集合 λ の各パラメータの初期値を適当に定めます．次に，学習データの観測系列を $O = (o_1, \ldots, o_t, \ldots, o_T)$ とし，4.5.1 項と同様に前向き確率 $\alpha_t(i)$ の計算をします．

$$\alpha_t(i), \quad t = 1, \ldots, T, \quad i = 1, \ldots, S$$

さらに，以下の**後ろ向き確率** (backward probability) $\beta_t(i)$ を定義し，計算します．

$$\begin{aligned}
\beta_T(i) &= 1, \qquad\qquad 1 \leq i \leq S, \\
\beta_t(i) &= \sum_{j=1}^{S} a_{ij} b_j(o_{t+1}) \beta_{t+1}(j), \\
&\qquad t = T-1, T-2, \ldots 1, \qquad 1 \leq i \leq S
\end{aligned}$$

これは前向き確率を得る手続きと類似した手続きを終端から逆向きに行って

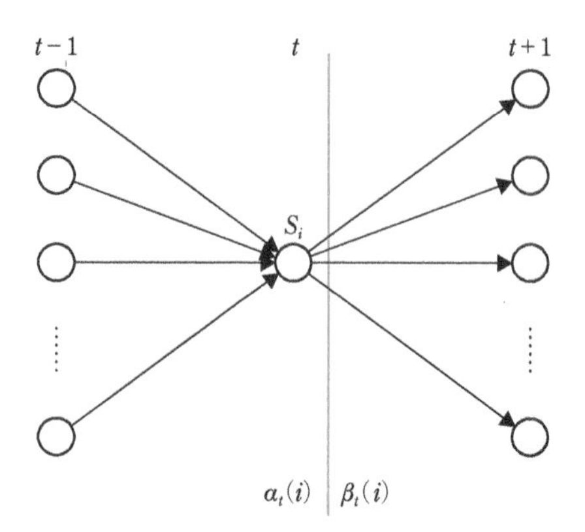

図 4.6 事後確率 γ の計算.

得られるものです．前向き確率との違いは，時刻 t における状態 i の出力確率 $b_i(o_t)$ を含んでいない点です．前向き確率と後ろ向き確率を用いて，時刻 t に状態 i に存在する確率 (事後確率) $\gamma_t(i)$ が以下のように計算されます (図 4.6).

$$\begin{aligned}\gamma_t(i) &= P(q_t = i|O, \lambda) \\ &= \frac{P(O, q_t = i|\lambda)}{\displaystyle\sum_{j=1}^{S} P(O, q_t = j|\lambda)} \\ &= \frac{\alpha_t(i)\beta_t(i)}{\displaystyle\sum_{j=1}^{S} \alpha_t(j)\beta_t(j)}\end{aligned}$$

さらに時刻 t に状態 i にいて，次の時刻 $t+1$ に状態 j に遷移する確率 (事後確率) $\xi_t(i,j)$ が以下のように計算されます (図 4.7).

$$\begin{aligned}\xi_t(i,j) &= P(q_t = i, q_{t+1} = j|O, \lambda) \\ &= \frac{P(q_t = i, q_{t+1} = j, O|\lambda)}{P(O|\lambda)} \\ &= \frac{\alpha_t(i)a_{ij}b_j(o_{t+1})\beta_{t+1}(j)}{\displaystyle\sum_{i=1}^{S}\sum_{j=1}^{S} \alpha_t(i)a_{ij}b_j(o_{t+1})\beta_{t+1}(j)}\end{aligned}$$

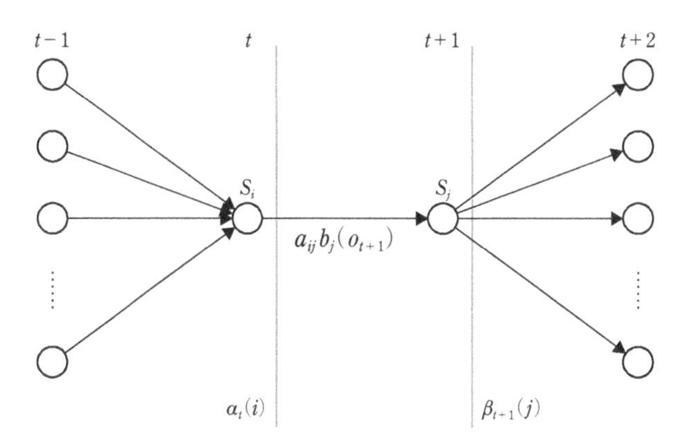

図 4.7　事後確率 $\xi_t(i,j)$ の計算.

$\gamma_t(i)$ と $\xi_t(i,j)$ の間には以下の関係があることは容易にわかるでしょう.

$$\gamma_t(i) = \sum_{j=1}^{S} \xi_t(i,j)$$

これら $\gamma_t(i)$ と $\xi_t(i,j)$ を用いて，各パラメータは以下の式を用いて更新されます.

$$\begin{aligned}
\bar{\pi}_i &= \gamma_1(i) \\
\bar{a}_{ij} &= \frac{\displaystyle\sum_{t=2}^{T} \xi_{t-1}(i,j)}{\displaystyle\sum_{t=2}^{T} \gamma_{t-1}(i)} \\
\bar{b}_i(k) &= \frac{\displaystyle\sum_{t=1}^{T} \delta(o_t, v_k)\gamma_t(i)}{\displaystyle\sum_{t=1}^{T} \gamma_t(i)}
\end{aligned} \tag{4.4}$$

ここで，$\delta(a,b)$ は $a=b$ のとき 1，それ以外のときは 0 をとる関数です.

次に更新されたパラメータを用いて，さらに事後確率の計算を行います.

この手続きを収束するまで繰り返し行います．

事後確率 $\gamma_t(i)$ は時刻 t に状態 i にいる確率ですから，その和は，系列 O において状態 i に存在した回数 (ただし実数値) と解釈することができます．また，同様に事後確率 $\xi_t(i,j)$ の和は，系列 O において，状態 i から状態 j に遷移した回数と解釈できます．そう考えれば，式 (4.4) での Π, A, B の各パラメータの求め方は直感的には妥当と思われます．この直感的な解釈は正しいのでしょうか．繰り返すことで尤度が大きくなるのでしょうか．また，繰り返しの手続きの収束は保証されるのでしょうか．これらについて，続く 2 項で考えてみましょう．

4.5.4 EM アルゴリズム

前項で説明したバウム・ウェルチアルゴリズムは，EM アルゴリズム[4] の一種です．EM アルゴリズムは，不完全データに対する対数尤度の最大化を行い，局所最適解を求めるアルゴリズムです．ここで，不完全データとは，観測されていない (隠れている) データが存在しているデータのことです．最初にパラメータの初期値を適当に与え，与えられたパラメータ値を用いた期待値の計算 (E ステップ) と，その期待値を最大にするパラメータの推定 (M ステップ) を交互に繰り返します．収束性が保証されますが，大局的な最適解を求めることはできず，得られる解は局所最適解です．つまり，適当な初期値を与えると何らかの解に収束しますが，初期値の与え方により解は異なります．それでも他の手法よりも効率よく高い性能をもつパラメータを学習できるのでよく用いられます．HMM の学習手続きの基盤となるものですので，以下，丁寧に説明していきます．数式とその証明が続きますが，さほど難しくはありません．

まず，パラメータの集合を Φ，学習データを y としたとき，確率 $P(Y=y|\Phi)$ を最大化するパラメータ Φ を推定する**最尤推定** (maximum-likelihood estimation; MLE) において，観測されない (隠れた) データ x が存在するため，直接の推定が困難である状況を考えます．x の例としては隠れマルコフモデルにおける状態系列があげられます．ここでは，$P(X=x, Y=y|\Phi)$ を利用して $P(Y=y|\Phi)$ を最大化することを考えます．以下，簡単のために x,y が離散値をとる場合について説明します．連続値への拡張は容易です．

Φ の最尤推定値を $\bar{\Phi}$ とすると，一般に，

$$
\begin{aligned}
P(X=x, Y=y|\bar{\Phi}) &= P(X=x|Y=y,\bar{\Phi})P(Y=y|\bar{\Phi}) \\
\log P(Y=y|\bar{\Phi}) &= \log P(X=x, Y=y|\bar{\Phi}) \\
&\quad -\log P(X=x|Y=y,\bar{\Phi})
\end{aligned}
$$

が成り立ちます.

次に，$\log P(Y=y|\bar{\Phi})$ の X についての期待値を求めます．左辺は,

$$
\begin{aligned}
& E_{\Phi}\left[\log P(Y=y|\bar{\Phi})\right]_{X|Y=y} \\
&= \sum_x \left(P(X=x|Y=y,\Phi)\log P(Y=y|\bar{\Phi})\right) \\
&= \log P(Y=y|\bar{\Phi})
\end{aligned}
$$

となります．したがって,

$$
\begin{aligned}
\log P(Y=y|\bar{\Phi}) &= E_{\Phi}\left[\log P(X, Y=y|\bar{\Phi})\right]_{X|Y=y} \\
&\quad -E_{\Phi}\left[\log P(X|Y=y,\bar{\Phi})\right]_{X|Y=y} \\
&= Q(\Phi,\bar{\Phi}) - H(\Phi,\bar{\Phi})
\end{aligned}
$$

と書けます．ここで

$$
\begin{aligned}
Q(\Phi,\bar{\Phi}) &= E_{\Phi}\left[\log P(X, Y=y|\bar{\Phi})\right]_{X|Y=y} \\
&= \sum_x \left(P(X=x|Y=y,\Phi)\log P(X=x, Y=y|\bar{\Phi})\right) \\
H(\Phi,\bar{\Phi}) &= E_{\Phi}\left[\log P(X|Y=y,\bar{\Phi})\right]_{X|Y=y} \\
&= \sum_x \left(P(X=x|Y=y,\Phi)\log P(X=x|Y=y,\bar{\Phi})\right)
\end{aligned}
$$

です.

さらに以下が成り立ちます．証明は後に回します.

$$
\begin{aligned}
H(\Phi,\bar{\Phi}) - H(\Phi,\Phi) &= \sum_x P(X=x|Y=y,\Phi)\log\frac{P(X=x|Y=y,\bar{\Phi})}{P(X=x|Y=y,\Phi)} \\
&\leq \log\sum_x P(X=x|Y=y,\Phi)\frac{P(X=x|Y=y,\bar{\Phi})}{P(X=x|Y=y,\Phi)} \\
&= \log\sum_x P(X=x|Y=y,\bar{\Phi}) \\
&= \log 1 = 0
\end{aligned}
$$

すなわち

$$H(\Phi, \bar{\Phi}) \le H(\Phi, \Phi)$$

ですので,

$$Q(\Phi, \bar{\Phi}) \ge Q(\Phi, \Phi)$$

となるように, $\bar{\Phi}$ を選べば,

$$\log P(Y = y|\bar{\Phi}) \ge \log P(Y = y|\Phi)$$

となります. つまり, $P(Y = y|\Phi)$ を最大にする Φ を推定する問題を Q の最大化問題に置き換えることができます. この Q を**補助関数** (auxiliary function), あるいは Q 関数と呼びます.

そうすると以下のアルゴリズムで局所的な最適解が推定できることがわかります.

1. 初期パラメータ Φ の設定
2. 期待値の計算: Φ が与えられたときの $Q(\Phi, \bar{\Phi})$ の計算
3. 尤度の最大化: Q 関数を最大化する $\bar{\Phi}$ を求める
4. $\bar{\Phi}$ を Φ に置き換え, ステップ 2. に戻る.
5. 2.〜4. の手続きを収束するまで繰り返す

さて, 上で説明を後回しにした, $H(\Phi, \bar{\Phi}) \le H(\Phi, \Phi)$ を証明しましょう. まず, 以下の**イェンセンの不等式** (Jensen's inequality) [34] を証明します.

定義 4.1 (イェンセンの不等式)

今, f を下に凸 (convex) な関数, X を確率変数としたとき,

$$Ef(X) \ge f(EX)$$

ここで E は期待値をとる演算です. 証明は帰納法を用います. まず, X が 2 点の場合は,

$$p_1 f(x_1) + p_2 f(x_2) \ge f(p_1 x_1 + p_2 x_2), \quad p_1 + p_2 = 1$$

が成り立ちます. 次に一般に k 点の場合を考えます. ここで,

$$\sum_{i=1}^{k} p_k = 1$$

とします．$p'_i = p_i/(1-p_k)$ とすると，

$$\begin{aligned}\sum_{i=1}^{k} p_i f(x_i) &= p_k f(x_k) + (1-p_k)\sum_{i=1}^{k-1} p'_i f(x_i) \\ &\geq p_k f(x_k) + (1-p_k) f\left(\sum_{i=1}^{k-1} p'_i x_i\right) \\ &\geq f\left(p_k x_k + (1-p_k)\sum_{i=1}^{k-1} p'_i x_i\right) \\ &= f\left(\sum_{i=1}^{k} p_i x_i\right)\end{aligned}$$

となりますから，結局，任意の k について，上式が成立します．次にこのイェンセンの不等式を用いて，以下の**対数和不等式** (log sum inequality) を証明します．

定義 4.2（対数和不等式）

$a_1, \ldots, a_n, b_1, \ldots, b_n$ はそれぞれ非負の実数としたとき，

$$\sum_{i=1}^{n} a_i \log \frac{a_i}{b_i} \geq \left(\sum_{i=1}^{n} a_i\right) \log \frac{\sum_{i=1}^{n} a_i}{\sum_{i=1}^{n} b_i}$$

ただし

$$0 \log 0 = 0, \ a \log \frac{a}{0} = \infty, \ 0 \log \frac{0}{0} = 0$$

とする．

$a_i > 0, b_i > 0$ のときのみを考えれば十分です．そのとき，関数 $f(t) = t \log t$ は $t > 0$ で下に凸の関数となります．なぜなら $f(t)$ の 2 次微分 $f''(t)$ を計算すると $f''(t) = \frac{1}{t} \log e > 0$ だからです．したがって，イェンセンの

不等式より

$$\sum \alpha_i f(t_i) \geq f\left(\sum \alpha_i f(t_i)\right)$$

が成り立ちます．ここで $\alpha_i \geq 0$, $\sum_i \alpha_i = 1$ です．今，$\alpha_i = b_i / \sum_{j=1}^{n} b_j$, $t_i = a_i/b_i$ と置くと，

$$\sum \frac{a_i}{\sum b_j} \log \frac{a_i}{b_i} \geq \left(\sum \frac{a_i}{\sum b_j}\right)\left(\log \sum \frac{a_i}{\sum b_j}\right)$$

となり，証明できました．

さて，ようやく $H(\Phi, \bar{\Phi}) \leq H(\Phi, \Phi)$ の証明の準備が整いました．対数和不等式を用いると，

$$\begin{aligned} H(\Phi, \Phi) - H(\Phi, \bar{\Phi}) &= \sum_X P(X|\Phi) \log \frac{P(X|\Phi)}{P(X|\bar{\Phi})} \\ &\geq \left(\sum_X P(X|\Phi)\right) \log \frac{\sum P(X|\Phi)}{\sum P(X|\bar{\Phi})} \\ &= 0 \end{aligned}$$

となります．よって

$$H(\Phi, \Phi) \geq H(\Phi, \bar{\Phi})$$

となります．証明できました．

4.5.5 EM アルゴリズムを用いた HMM パラメータの推定

次に EM アルゴリズムを用いて HMM のパラメータを推定します．最大化すべき補助関数 $Q(\lambda', \lambda)$ は以下になります．

$$Q(\lambda', \lambda) = \sum_{\mathbf{q}} P(O, \mathbf{q}|\lambda') \log P(O, \mathbf{q}|\lambda)$$

ここで，O はデータ $o_1, \ldots, o_T$，$\mathbf{q}$ は状態系列 $q_1, \ldots, q_T$，λ' は現在の HMM パラメータセット，λ はこれから推定する新しい HMM パラメータセットです．この $\mathbf{q}$ についての和は，すべての可能な状態系列について和をとるという意味です．

データ O と状態系列 $\mathbf{q}$ がともに観測される場合，そのような完全データに対する対数尤度は，以下のように計算できます．

$$P(O, \mathbf{q}|\lambda) = \pi_{q_1} \prod_{t=2}^{T} a_{q_{t-1}q_t} b_{q_t}(o_t),$$

$$\log P(O, \mathbf{q}|\lambda) = \log \pi_{q_1} + \sum_{t=2}^{T} \log a_{q_{t-1}q_t} + \sum_{t=1}^{T} \log b_{q_t}(o_t)$$

ですから，補助関数 Q は以下の形になります．

$$Q(\lambda', \lambda) = Q_{\boldsymbol{\pi}}(\lambda', \boldsymbol{\pi}) + \sum_{i=1}^{S} Q_{\mathbf{a}_i}(\lambda', \mathbf{a}_i) + \sum_{i=1}^{S} Q_{\mathbf{b}_i}(\lambda', \mathbf{b}_i)$$

ここで，$\boldsymbol{\pi} = \{\pi_1, \ldots, \pi_S\}$，$\mathbf{a}_i = \{a_{i1}, \ldots, a_{iS}\}$，$\mathbf{b}_i$ は $b_i(\cdot)$ のパラメータです．

この補助関数 Q は，3 種類のパラメータ毎に分解することができます．

$$\begin{aligned}
Q_{\pi}(\lambda', \boldsymbol{\pi}) &= \sum_{i=1}^{S} P(O, q_1 = i|\lambda') \log \pi_i \\
&= \sum_{i=1}^{S} \gamma_1(i) \log \pi_i \\
Q_{a_i}(\lambda', \mathbf{a}_i) &= \sum_{j=1}^{S} \sum_{t=2}^{T} P(O, q_{t-1} = i, q_t = j|\lambda') \log a_{ij} \\
&= \sum_{j=1}^{S} \sum_{t=2}^{T} \xi_{t-1}(i, j) \log a_{ij} \\
Q_{b_i}(\lambda', \mathbf{b}_i) &= \sum_{t=1}^{T} P(O, q_t = i|\lambda') \log b_i(o_t) \\
&= \sum_{t=1}^{T} \gamma_t(i) \log b_i(o_t)
\end{aligned}$$

ここで制約条件は以下の通りです．

$$\sum_{j=1}^{S} \pi_j = 1, \qquad \sum_{j=1}^{S} a_{ij} = 1 \quad \forall i, \qquad \sum_{k=1}^{M} b_i(k) = 1 \quad \forall i$$

ここでこれらの Q 関数を最大化するために用いる**ラグランジュの未定乗数法** (method of Lagrange multiplier) を説明します．今，以下の $F(x)$ を最大にする $\{x_i\}$ を x_i の和が 1 という制約下で求める問題を考えます．

$$F(x) = \sum_i y_i \log x_i,$$

$$\sum_i x_i = 1$$

ここで $F(x)$ の代わりに以下の $G(x)$ を最大化することを考えます．

$$G(x) = F(x) - \lambda \left(\sum_i x_i - 1 \right)$$

$dG/dx_i = 0$ より，

$$\lambda = \frac{y_i}{x_i}$$

すると，$\sum_i x_i = 1$ より，$\lambda = \sum_i y_i$，よって

$$x_i = \frac{y_i}{\sum_i y_i}$$

となります．

このラグランジュの未定乗数法を用いて Q を最大化するパラメータを求めることができます．更新後のパラメータを $\bar{\lambda} = (\bar{\pi}, \bar{A}, \bar{B})$ とすると，

$$\bar{\pi}_i = \frac{P(O, q_1 = i|\lambda)}{P(O|\lambda)} = \gamma_1(i)$$

$$\bar{a}_{ij} = \frac{\sum_{t=2}^{T} P(O, q_{t-1} = i, q_t = j|\lambda)}{\sum_{t=2}^{T} P(O, q_{t-1} = i|\lambda)} = \frac{\sum_{t=2}^{T} \xi_{t-1}(i, j)}{\sum_{t=2}^{T} \gamma_{t-1}(i)}$$

$$\bar{b}_i(k) = \frac{\displaystyle\sum_{t=1}^{T} P(O, q_t = i|\lambda)\delta(o_t, v_k)}{\displaystyle\sum_{t=1}^{T} P(O, q_t = i|\lambda)} = \frac{\displaystyle\sum_{t=1, o_t = v_k}^{T} \gamma_i(t)}{\displaystyle\sum_{t=1}^{T} \gamma_i(t)}$$

となります．ここで，

$$\begin{aligned}\delta(o_t, v_k) &= 1 \qquad \text{if} \quad o_t = v_k \\ &= 0 \qquad \text{otherwise}\end{aligned}$$

です．以前，直感的解釈から得られた式 (4.4) がこれらの式と一致することを確認してください．新しく推定した λ を λ' にセットし，確率 $P(O|\lambda)$ の推定を繰り返します．$\log P(O|\lambda)$ と直前の推定で得られた値との差が事前に決めておいた値よりも小さくなったときに，収束したと判断し，停止します．

4.5.6 連続分布 HMMM

ここまでは，入力は離散シンボル列 (記号列) とし，それに対応する，出力確率分布として離散分布を用いた離散分布 HMM について説明してきました．この方法は簡単であり，計算量が少ないという利点がありますが，一方で特徴ベクトルを量子化をする際の量子化誤差により認識性能が劣化します．

現在は，入力として多次元の特徴ベクトル $\boldsymbol{O} = \boldsymbol{o}_1, \ldots, \boldsymbol{o}_T$ をそのまま用い，それに対応する出力確率分布として，連続確率密度分布を用いる方法が主流です．連続確率密度分布を用いる HMM は**連続分布 HMM** (continuous density HMM; CDHMM) と呼ばれます．計算量はより多く必要ですが，離散分布 HMM に比べ高い性能をもちます．

CDHMM では，出力確率分布として主に**混合正規分布** (Gaussian mixture model; GMM) が用いられます．これは複数の正規分布の重み付け和です．

$$b_j(\boldsymbol{o}) = \sum_{k=1}^{M} c_{jk} \mathcal{N}(\boldsymbol{o}|\boldsymbol{\mu}_{jk}, \boldsymbol{\Sigma}_{jk})$$

$$\mathcal{N}(\boldsymbol{o}|\boldsymbol{\mu}_{jk}, \boldsymbol{\Sigma}_{jk}) = \frac{1}{(2\pi)^{n/2}|\boldsymbol{\Sigma}_{jk}|^{1/2}}(\boldsymbol{o}_t - \boldsymbol{\mu}_{jk})^\top \boldsymbol{\Sigma}_{jk}^{-1}(\boldsymbol{o}_t - \boldsymbol{\mu}_{jk})$$

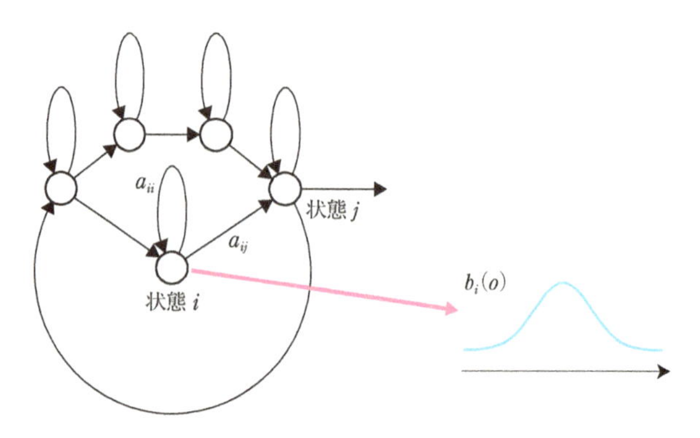

図 4.8 連続分布 HMM の例.

ここで，$\boldsymbol{\mu}_{jk}$ は状態 j の第 k 成分分布の**平均ベクトル** (mean vector)，$\boldsymbol{\Sigma}_{ik}$ は状態 j の第 k 成分分布の**共分散行列** (covariance matrix) です．$\top$ は転置を表します．また，c_{jk} は**重み係数** (weight coefficient) と呼ばれ，以下の制約があります．

$$\sum_{k=1}^{M} c_{jk} = 1, \quad 1 \leq j \leq S.$$

前項での他のパラメータの推定と同じく，CDHMM のパラメータもバウム・ウェルチアルゴリズムを用いて以下のように推定できます[35]．

$$\bar{c}_{jk} = \frac{\displaystyle\sum_{t=1}^{T} \gamma_t(j,k)}{\displaystyle\sum_{t=1}^{T}\sum_{k'=1}^{M} \gamma_t(j,k')}, \qquad \bar{\boldsymbol{\mu}}_{jk} = \frac{\displaystyle\sum_{t=1}^{T} \gamma_t(j,k)\boldsymbol{o}_t}{\displaystyle\sum_{t=1}^{T} \gamma_t(j,k)},$$

$$\bar{\boldsymbol{\Sigma}}_{jk} = \frac{\displaystyle\sum_{t=1}^{T} \gamma_t(j,k)(\boldsymbol{o}_t - \boldsymbol{\mu}_{jk})(\boldsymbol{o}_t - \boldsymbol{\mu}_{jk})^\top}{\displaystyle\sum_{t=1}^{T} \gamma_t(j,k)},$$

ここで，

$$\gamma_t(j,k) = \gamma_t(j)\frac{c_{jk}\mathcal{N}(\boldsymbol{o}_t|\boldsymbol{\mu}_{jk},\boldsymbol{\Sigma}_{jk})}{\displaystyle\sum_{m=1}^{M} c_{jm}\mathcal{N}(\boldsymbol{o}_t|\boldsymbol{\mu}_{jm},\boldsymbol{\Sigma}_{jm})}$$

です．

なお，離散分布 HMM と連続分布 HMM の中間的な存在として，**半連続 HMM**[31](semi-continuous HMM) があります．これは，離散分布 HMM において，各コードベクトルが多次元正規分布に従うと仮定したものです．連続分布 HMM からみると，混合成分分布を全状態間で共有していることに対応します．この場合，各成分分布に対する重み係数は状態ごとに異なります．連続分布 HMM に比べてより少量のデータ量で精度よく学習することができます．ただし，データ量が十分にある場合に性能は連続分布 HMM に劣るため，現在ではほとんど使われていません．

Chapter 5

言語モデル

連続単語認識では単語数を増やすのが困難でした．1万語以上を認識対象にする場合，言語に関する知識を活用する必要があります．ここでは確率論を用いた考え方とその実装方法について解説します[81]．

5.1 言語の複雑さの尺度

まず，言語の複雑さを表す尺度について考えてみましょう．ある言語が文法ネットワークの形で表現されているとします．文法ネットワークはノードとそれをつなぐ遷移から構成され，各遷移から単語が出力されます．このネットワークの複雑さをはかる尺度を考えます．

1つは，以下の式で表される**静的分岐数** (static branching factor) です．

$$F_S(L) = \frac{\sum_j n(j)}{\sum_j 1}$$

ここで $n(j)$ は状態 j から遷移可能な単語数です．また，以下の**平均ファンアウト** (average fanout) もよく用いられます．これは状態ごとの出現確率の違いも考慮に入れた分岐数の平均値です．

$$F_A(L) = \sum_j \pi(j) n(j)$$

ここで $\pi(j)$ は状態 j の出現確率です．

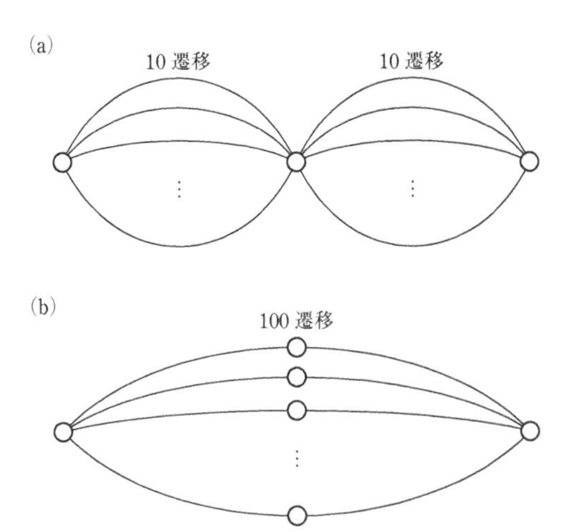

図 5.1　文法ネットワークの例．0 から 9 までの 10 数字 2 桁からなる文，すなわち，2 桁数字 00 〜99 を出力します．各遷移には 0 から 9 までの数字のどれかの数字が対応しています．

図 5.1 を例にとってこれらの値の計算をしてみます．(A) では，$F_S(L) = 10$, $F_A(L) = 10$，(B) では以下のようになります．

$$
\begin{aligned}
F_S(L) &= \frac{100 + \sum^{100} 1}{101} = 1.98 \\
F_A(L) &= \frac{1}{2} \times 100 + \sum^{100} \frac{1}{200} \times 1 = 50.5
\end{aligned}
$$

容易にわかるようにこの 2 つのネットワークの表す言語の複雑度は同じですから，この 2 つのネットワークに対し違う値を与える $F_S(L)$, $F_A(L)$ は，ともに適当でないことがわかります．そこで確率的な考え方を導入します．今，単語列の確率 $P(W)$ を

$$
P(W) = P(w_1 w_2 \ldots w_N)
$$

とすると，エントロピー $H_0(L)$ は

$$
H_0(L) = -\sum_W P(W) \log_2 P(W)
$$

1 単語当たりのエントロピー $H(L)$ は

$$H(L) = -\sum_W \frac{1}{N} P(W) \log_2 P(W)$$

となります．そして，以下の**パープレキシティ** (perplexity) $F_P(L)$ を言語の複雑度を表す尺度として用いることを考えます．

$$F_P(L) = 2^{H(L)}$$

すると，(A) では，

$$H(L) = -\sum^{20} \frac{1}{2} \times \frac{1}{10} \log_2 \frac{1}{10} = \log_2 10$$

(B) では，

$$H(L) = -\sum^{100} \frac{1}{2} \times \frac{1}{100} \log_2 \frac{1}{100} = \log_2 10$$

ですので，(A), (B) とも $F_P(L) = 10$ と同じ値をとります．パープレキシティが言語の複雑度の基準として適切であることがわかります．直感的には，文法ネットワークの各ノードにおいて次の単語を選択する際の選択肢の平均的な数に相当します．

一般に，パープレキシティが小さい言語モデルほど，音声認識性能も高くなります．ただ，パープレキシティの削減率に比べ，音声認識における誤認識の低減率はあまり大きくありません．

5.2　確率的言語モデル

さて，式 (4.3) における単語列の出現確率 $P(W)$ を計算するモデルを言語モデルと呼ぶのでした．確率論によらない旧来の言語モデルと区別するために，特に確率的言語モデルと呼ばれることもあります．ここでは大語彙連続音声認識において用いられる確率的言語モデルの中でも最もよく用いられる **n グラム** (n-gram) について説明します．

5.2.1　n グラムとは

離散単語認識ではすべての単語 W の $P(W)$ は同じ値でした．また，連続単語認識では文法ネットワークにおいて同じ開始ノード，終了ノードをもつ遷移が複数ある場合にその各々に対応する単語の $P(W)$ は同じでした．これに対し，大語彙連続音声認識では異なる単語列は異なる確率 $P(W)$ をもつと仮定します．すなわち，ある単語列は別の単語列より出現しやすいとします．これは我々がふだん発声している単語列を想定すればむしろ自然な考え方です．確率モデルのパラメータは大規模な言語コーパスを用いて推定します．

単語列の確率 $P(W)$ は一般に以下の式で表されます．

$$\begin{aligned} P(W) &= P(w_1 w_2 \ldots w_N) \\ &= P(w_1)P(w_2|w_1)\ldots P(w_N|w_{N-1},\ldots,w_2,w_1) \end{aligned}$$

限られた量のコーパスからすべての単語列に対してこれらの条件付き確率を求めるのは不可能です．そこで，音響モデルと同様にマルコフ性の仮定を置きます．つまり，各単語の出現確率は他の単語のうち，その直前の $(n-1)$ 単語にのみ依存すると仮定します．

$$P(w_i|w_1,w_2,\ldots,w_{i-1}) \simeq P_n(w_i|w_{i-1},w_{i-2}\ldots,w_{i-n+1})$$

今，$F(w_i,w_{i+1},\ldots,w_{i+n-1})$ を単語列 $w_{i-n+1}\ldots w_{i-1}w_i$ の出現頻度と置くと，

$$P_n(w_i|w_{i-1},\ldots,w_{i-n+1}) = \frac{F(w_i,w_{i-1},\ldots,w_{i-n+1})}{F(w_{i-1},\ldots,w_{i-n+1})}$$

と推定されます．

$n=1$ の場合，つまり，ある単語の出現確率は他の単語に依存しないと仮定した場合は**ユニグラム** (unigram)，$n=2$ の場合，つまり，ある単語の出現確率はその直前の単語のみに依存すると仮定した場合は**バイグラム** (bigram)，$n=3$ の場合，つまり，ある単語の出現確率はその直前とそのさらにもう 1 つ前の単語にのみ依存すると仮定した場合は**トライグラム** (trigram) と呼ばれます．音声認識においてはトライグラム，あるいは $n=4$ の場合のクアドグラム (quad-gram) がよく用いられます．これらは，大量の学習コーパス (新聞記事 5 年分のテキストなど) から推定されます．

n グラム言語モデルの登場

n グラム言語モデルは，1983 年頃に IBM のジェリニック (Jelinik) らにより提案されました．当時はこのような簡単なモデルによる自然言語のモデル化には懐疑的な見方が多かったのですが，1990 年代にこのモデルにより英語の大語彙連続音声認識が初めて可能になり，またその性能も驚くほど高いものでした．当時の多くの研究者の直感に反し，トライグラムのような簡単なモデルでも，大量の学習データを用意できれば，パープレキシティが 50 から 200 程度と十分低くなることが性能が高くなった理由です．その成果はディクテーションソフトとして実用化されています．また，英語では性能が高くても日本語などの分かち書きがされていない言語には使えないのではという見方もありましたが，実際には形態素解析ツールを使って単語に分割して，その先は英語と同一の処理を行うことにより，やはり高い性能を得られることがわかりました．

5.2.2 n グラムのバックオフスムージング

n グラムの種類数は膨大です．例えば 3 万語の単語辞書の場合，出現可能なトライグラムの種類数は 27 兆になります．もちろんその中で実際に出現するのはごくわずかです．また，出現数が少ない，例えば 5 回程度以下の n グラムはその推定が頑健に行えないので，多くの場合言語モデルには含めません．それでも実際に音声認識を使うときには，学習データに存在しなかったり，少ししか出現しない n グラムが出現します．しかし，認識対象となる発声に対応する単語列に，学習コーパス中に出現しない n グラムが 1 つでもあると，それを含む文字列 W の確率 $P(W)$ は 0 になってしまいます．これは深刻な問題です．

この問題を解決するために，学習データに存在しない n グラムにも，何らかの小さい確率値を割り当てることにします．すなわち，学習データに存在する n グラムの確率値を少しずつ削って集め，学習データが存在しない n グラムに分配します．より具体的には，ある n グラムは存在しない場合でも $(n-1)$ グラムは存在することが多いので，あらかじめ存在しない n グラムの全 n グラムに対する割合を見積もり，その割合に従い $(n-1)$ グラムの確

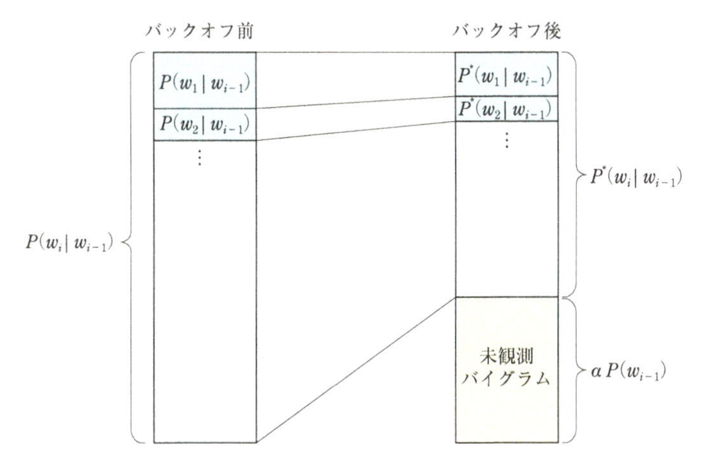

図 5.2　バイグラムにおけるバックオフスムージングの例.

率値を n グラムの確率値に分配しなおします．この処理を**バックオフスムージング** (back-off smoothing) と呼びます[81]．バックオフスムージングでは，単語の出現頻度が**ジップの法則** (Zipf's law) [76] に従うという経験則を基盤とした**グッド・チューリング推定** (Good-Turing estimator) [23] を用います．

今，n_r を学習データ中にきっかり r 回出現した n グラムの種類数としたとき，r 回出現した n グラムの出現回数を以下の r^* 回とみなします．

$$r^* = (r+1)\frac{n_{r+1}}{n_r}$$

ここで一般に r^* は実数値をとります．例えば，1 回も出現しない n グラムの種類数が n_0，1 回だけ出現した n グラムの種類数が n_1 であるとき，1 回も出現しない n グラムの出現回数を 0 ではなく，$0^* = n_1/n_0$ 回とみなします．

このとき，学習コーパス中に r 回出現した n グラム a の確率は，

$$P(a) = \frac{r^*}{N},$$
$$N = \sum_{r=0}^{\infty} n_r r^* = \sum_{r=0}^{\infty} (r+1) n_{r+1} = \sum_{r=0}^{\infty} n_r r$$

となります．ここで，N は学習コーパス中の単語数です．

次に，最もよく使われるバックオフスムージング手法の 1 つである，**カッ**

ツ・スムージング (Katz's smoothing) [36] について，バイグラムを例にとり説明します．今，$C(w_{i-1}w_i)$ を単語の並び $w_{i-1}w_i$ の出現回数 (r) とします．その代わりに以下の $C^*(w_{i-1}w_i)$ を用いることにします．この手続きをディスカウント (discount) と呼びます．

$$C^*(w_{i-1}w_i) = \begin{cases} d_r r & (r > 0), \\ \alpha(w_{i-1})P(w_i) & (r = 0) \end{cases}$$

ここで d_r は**ディスカウント係数** (discount factor) と呼ばれ，r^*/r にほぼ等しい値をとります．$\alpha(w_{i-1})$ は $\sum_{w_i} C^*(w_{i-1}w_i) = \sum_{w_i} C(w_{i-1}w_i)$ の条件より求めます．すなわち

$$\alpha(w_{i-1}) = \frac{1 - \displaystyle\sum_{w_i;C(w_{i-1}w_i)>0} P^*(w_i|w_{i-1})}{\displaystyle\sum_{w_i;C(w_{i-1}w_i)=0} P(w_i)} = \frac{1 - \displaystyle\sum_{w_i;C(w_{i-1}w_i)>0} P^*(w_i|w_{i-1})}{1 - \displaystyle\sum_{w_i;C(w_{i-1}w_i)>0} P(w_i)}$$

図 5.2 はこの計算の意味を説明しています．

そして，ディスカウントされたバイグラム $P^*(w_i|w_{i-1})$ は，以下の式で求めます．

$$P^*(w_i|w_{i-1}) = \frac{C^*(w_{i-1}w_i)}{\sum_{w_k} C^*(w_{i-1}w_k)}$$

ここで，d_r は以下のように求めます．まず，$r > k$ の場合は $d_r = 1$，すなわちディスカウントはしません．k は通常 5 ～ 8 の値です．$r \leq k$ の場合は，グッド・チューリング推定に比例してディスカウントします．

$$d_r = \mu \frac{r^*}{r}$$

この式における μ は以下の制約を用いて求めます．すなわち，ディスカウントより差し引かれた分を集めたカウント数は，グッド・チューリング推定において 0 カウントのバイグラムに割り当てられるカウント数に等しくなります．

$$\sum_{r=1}^{k} n_r(1-d_r)r = n_0\frac{n_1}{n_0} = n_1$$

これより，

$$d_r = \frac{\frac{r^*}{r} - \frac{(k+1)n_{k+1}}{n_1}}{1 - \frac{(k+1)n_{k+1}}{n_1}}$$

となります．

5.2.3 その他の言語モデル

ここで，n グラムとともに用いられる他の言語モデルについて触れておきます．まず，**クラス n グラム** (class n-gram) は，n グラムを何らかのラベルを用いてクラスタリングを行い，同一クラスタ内の n グラムは同じ値をもつようにしたものです．その推定精度は高くなりますが，反面，クラスタ内の n グラムの区別はできなくなります．品詞により分けるもの，データからボトムアップにクラスを定めるものなどがあります．応用を特定した場合，そこに現れる語彙は，その応用に特徴的なものになります．**トピック n グラム** (topic n-gram) では，使用状況で頻出する n グラムの出現確率をより大きくします．例えば，ニュース番組の字幕作成では，政治モデル，経済モデル，スポーツモデル，などをもちます．**キャッシュ n グラム** (cache n-gram) では，認識時に適応的に n グラム確率を変更します．話題の転換や，話者の交替が頻繁に起きるときに有効です．

5.2.4 言語モデル重み

式 (4.3) の通りに実装するよりも，以下の式のように言語モデルに重み r をつけると，より性能が高くなることが知られています．

$$\hat{W} = \operatorname*{argmax}_{W} P(X|W)P(W)^r$$

ここで重み係数 r は**言語モデル重み** (language model weight) と呼ばれ，通常，5〜10 程度の値をとります．この値を最尤基準で決めることはできないので，多くの場合，実験を繰り返す試行錯誤で決定します．

本来，確率モデルが現象を十分に表現しているならば，重みは1になるべきです．重みが1より大きい値になるのは，音響モデルのほうが言語モデルの出力確率値のダイナミックレンジが大きいためと考えられています．

5.3 形態素解析

言語モデルではその単位として単語を用います．日本語は英語とは違い，分かち書きがされていません．つまり単語間に空白がありません．したがって，単語という単位は自明ではありません．同様の問題が起きる言語として中国語やタイ語などがあります．単語間の境界を検出するためには**形態素解析** (morphological analysis) を用います．**形態素** (morpheme) とは言語学の用語で意味をもつ最小の単位ですが，ここでは形態素は単語のことであるとします．

音声認識のための形態素解析では，まず単語辞書を用意します．音声認識のためには，各単語について，その表記だけではなく読みがなも必要です．また，形態素解析の精度を高めるためには品詞の情報も重要です．そこで，表記，読み，品詞の3つ組を単語辞書における1つのエントリ，つまり，単語とします．

次に，与えられた文によく合致する単語列を探索する解析器を構成します．昔は，最長一致法を用いたルールベースの手法が使われていましたが，近年では大規模な言語コーパスから作成された確率的言語モデルに基づく手法が主流です．あらかじめ単語 n グラムを構築し，それを用いたHMMや**条件付確率場** (conditional random field; CRF) [38] により，最も確率の大きい単語列を求めます．

音声認識に形態素解析を用いる場合の注意点について2点ほど述べておきます．まず，単語辞書にはない単語の発声が避けられません．このような単語は**未知語** (unknown word) と呼ばれます．ある長さをもつ任意の単語列に対しあるゼロより大きい出現確率を与え，異なる長さをもつそのような単語列の集合に対し，1つのクラスを未知語として用意します．単語列の長さの分布や出現確率分布は経験的に与えます．

次に，多くの場合，形態素解析に用いられる大規模コーパスは新聞などの書き言葉のコーパスです．一方，音声認識の対象はもちろん話し言葉です．

したがって，話し言葉にしかない言い回し (口語表現と呼ばれます) の解析にしばしば失敗します．話し言葉にも対応した形態素解析を用いる必要があります．

Chapter 6

大語彙連続音声認識

前章までで，制約のない一般の音声を認識する技術である大語彙連続音声認識 (large vocabulary continuous speech recognition; LVCSR) について説明する準備が整いました．もちろん，DP マッチングなど，HMM 以外のモデルによる大語彙連続音声認識を考えることもできなくはないのですが，大語彙連続音声認識は HMM が主流となった後に開発されたので，その歴史の流れに沿って HMM を用いた方式について説明します．

6.1 サブワード認識単位を用いた学習・認識

本節では単語を分割して得られるサブワードを認識の単位とする方法について学びます．大語彙連続音声認識ではもっぱらサブワード単位が用いられますがなぜでしょうか．

6.1.1 サブワード認識単位

大語彙連続認識では，認識辞書のサイズは通常 3 万単語程度です．単語を認識単位とすると 3 万単語の各々について HMM を用意する必要があります．しかし，その 3 万単語の大部分はあまり出現しない単語ですから，それらに対して十分な量の学習データを集めるのが大変です．

そこで，音声において，単語より小さい単位を用いることを考えます．それらを総称して**サブワード単位** (subword unit) と呼びます．サブワード単

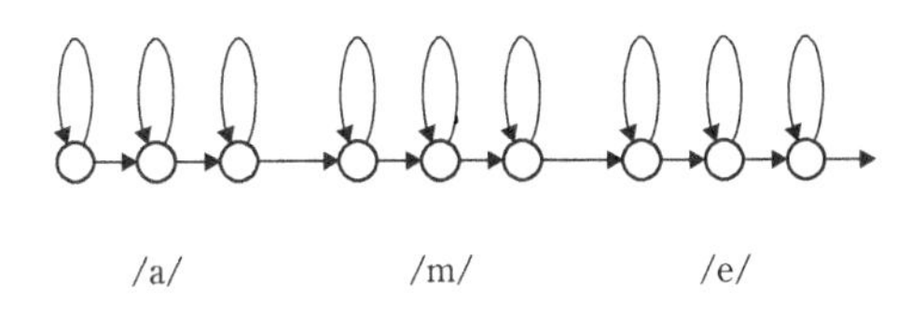

図 6.1 音素 HMM による単語「あめ」/ame/のモデル.

位として代表的なものに，**音素** (phoneme)，**音節** (syllable) があります．その中でも日本語や英語の認識では音素がよく用いられますので，ここでは音素を例にして説明します．図 6.1 に音素 HMM の例を示します．過去にはさまざまな構造が考えられましたが，現在は 3 状態の left-to-right HMM がもっぱら用いられます．これは，1 フレームの長さが通常 10 ms であるのに対し，音素の継続時間長の最小値がだいたい 30 ms くらいであることが一応の根拠になっています．図 6.1 に示すように，単語はサブワード単位の連結で表現されます．すべての単語に対しモデルを用意する必要がなく，大語彙の認識が容易になります．

なお，2.1.4 節，3.1.1 節で述べたように，音声区間検出の誤りの影響を防ぐために，音声区間は通常その両端に無音を含んでいます．そこで，雑音に対する HMM を用意し，それを単語モデルの両端に付け加えて，学習・認識を行います．雑音 HMM は 1〜3 の状態をもち，2 つ以上の状態をもつ場合には，音素 HMM と同様の left-to-right の構造がよく用いられます．なお，これ以降に述べる，単語列 (文) を認識する大語彙連続音声認識全般においても同様の処理を行います．すなわち，単語列 (文) モデルの両端に雑音 HMM を付け加えます．

6.1.2 サブワード認識単位 HMM の学習

学習や認識のときには単語 HMM を用いますが，これは音素 HMM の連結によって作成されます．学習時には，EM アルゴリズムを若干改変して用います．発声ごとに HMM を構築し，それを用いて EM アルゴリズムの E

ステップにおいて，2 つの事後確率 γ，ξ を音素 HMM ごとに求めます．次に，求めた事後確率をすべての発声について集計します．そして，その結果を用いて M ステップで音素 HMM のパラメータを更新します．つまり，式 (4.4) の代わりに以下の式を用います．

$$\bar{\pi}_i = \frac{\displaystyle\sum_l \gamma_1^{(l)}(i)}{\displaystyle\sum_l 1}$$

$$\bar{a}_{ij} = \frac{\displaystyle\sum_l \sum_{t=2}^{T^{(l)}} \xi_{t-1}^{(l)}(i,j)}{\displaystyle\sum_l \sum_{t=2}^{T^{(l)}} \gamma_{t-1}^{(l)}(i)}$$

$$\bar{b}_i(k) = \frac{\displaystyle\sum_l \sum_{t=1}^{T^{(l)}} \delta(o_t^{(l)}, v_k)\gamma_t^{(l)}(i)}{\displaystyle\sum_l \sum_{t=1}^{T^{(l)}} \gamma_t^{(l)}(i)}$$

ここで l は個々の発声に対する添え字です．この手続きを収束するまで行います．これを**連結学習** (embedded training) と呼びます．この連結学習では，データにおけるサブワード単位の境界を指定する必要はありません．すなわち，学習の手続きの中で確率的に定まります．人手によるラベル付けの手間が大幅に軽減されます．なお，連結学習がよく用いられるのは，サブワード単位の境界は本質的にあいまいであり，それを人手により明示的に与えるのがそもそも困難である，という事情もあります．

6.1.3 文脈依存音素

1.3 節で述べたように，音素の音響的特徴は一般にその文脈 (context) により変化します．ここでの文脈とは，前後の音素環境 (音素コンテキスト) の違い，話者の違い，あるいは，アクセント，イントネーションなどを指します．その中でも音素コンテキストをモデル化することを考えます．

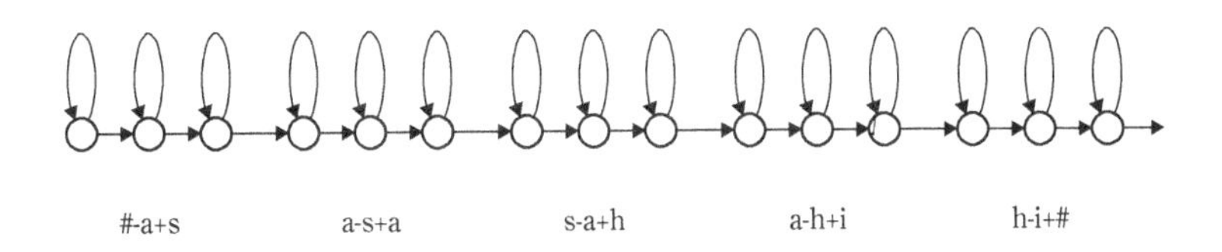

図 6.2 トライフォン HMM による単語「あさひ」のモデル．

代表的な**文脈依存音素単位** (context-dependent phone unit) としてはバイフォン (biphone)，トライフォン (triphone)，クインフォン (quinphone) などがあります．それぞれ，連続する 2 音素の間，3 音素の間，5 音素の間の依存関係を用います．例えば前の音素を考慮するバイフォンの場合，同じ/a/でも前が/k/の/a/と前が/t/の/a/とは別々の認識単位とします．トライフォンの場合は，前の音素と後ろの音素の両方を考慮する単位です．この中でも**トライフォン** (triphone) がよく用いられます．これらに対して，文脈を考慮しない音素単位のことを特に**文脈独立音素単位** (context-independent phone unit)，もしくは，**モノフォン** (monophone) と呼びます．トライフォンを用いた単語モデルの例を図 6.2 に示します．トライフォンを用いることにより，**調音結合** (co-articulation) による発声の変形によりよく対応することが可能になり，一般に認識性能が向上します．

6.2 音素文脈決定木を用いたクラスタリング

数え方にもよりますが，日本語のモノフォンの種類は 50 程度です．文脈依存音素はその周囲の音素により区別するので，数は多くなり，例えばトライフォンの種類は 6000〜9000 になります．そしてその中の大部分はほとんど出現しない音素です．これをそのまま学習しようとすると，データサンプルが少ない音素において，**過学習** (over training) の問題が起き性能が向上しません．そこで，それぞれの中心の音素について，その前後の音素が「似ている」ものをクラスタリングすることで，性能が向上すると期待されます．

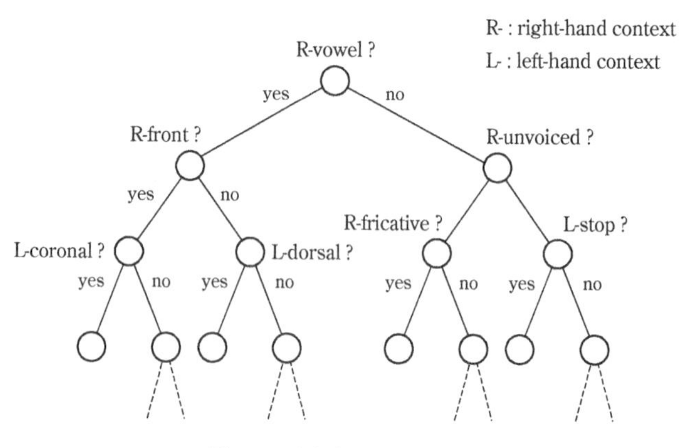

図 6.3 音素文脈決定木の例.

クラスタリング手法は大きく 2 種類に分かれます．1 つはボトムアップ手法です．これは特徴量空間上で距離の近いデータを 1 つのクラスタにする手法で，学習データに対しては高性能です．もう 1 つはトップダウン法です．音韻に関する知識などの事前知識を活用します．学習データに出現しない単位もクラスタリングすることが可能です．

もしデータが大量にあれば，ボトムアップクラスタリングを行えばよいのですが，そもそもその推定のためのデータが少ないからこの問題が起きているのであって本末転倒です．一方で，トップダウン法で音声データを用いずに人間の知識だけで決めてしまうのも問題です．実際の特徴ベクトル空間での類似度とは違う基準だからです．そこで，その折衷として，**音素文脈決定木** (phonetic context decision tree) を用いた階層的なトップダウンクラスタリング[75] を用いることを考えます．その例を図 6.3 に示します．

一般に決定木を用いたクラスタリングにおいては，決定木は 2 分木であり，各ノード (節点) に質問が付随しています．質問は Yes/No の答えをもつもので，その 2 つの子ノードの一方が Yes，もう一方が No に対応しています．そして，各サブワードについて，ルートノードを開始ノードとして質問の答えによってノードを 2 つに分割し，その各々を子ノードとします．同じことを 2 つの子ノードについて繰り返し，そしてそれを続けて 2 分木を下に伸ばしていきます．さまざまな知識構造に適用可能であり，また，未知のデータサンプルに対しても適用可能であるという利点があります．決定木を用いたクラスタリングを用いる際には，まず，決定木自体の作成方法を決める必要があります．また，各ノードにおける質問を用意する必要があります．さらに，どの質問による分割がよいのかを評価する基準が必要です．最後に，クラスタリングの停止基準も必要です．

ここでは，質問として，音素，弁別素性 に関する Yes/No で答えられるものを複数 (100 個程度) 用意します．その例を図 6.3 にいくつかあげました．例えば，“R-vowel?” は，「右側の音素は母音か?」という質問です．一般に類似した素性をもつ音素は類似した音響的特質をもつことが多いので，それを音素文脈のクラスタリングに用います．

そして HMM の各状態ごとに音素文脈決定木を作成し，状態を単位としてパラメータを共有します．すなわち状態をクラスタリングします．そのために HMM の構造に以下の制約を設けます (図 6.4)．

- left-to-right 型で状態は 3 つ
- 同じ中心音素をもつトライフォンは皆同じ状態数をもつ
- 状態の出力確率分布は単一ガウス分布
- 状態の遷移確率は同じ中心音素をもつトライフォンで同じ値を共有

この制約のもとでは，出力確率分布のみを用いてクラスタリングすることになります．

クラスタリングのアルゴリズムは以下の通りです．

1. 準備: クラスタリング前のトライフォンを用いて，学習データに対する事後確率 γ，ξ をすべての状態に対し求めておく．
2. 同じ中心音素をもつすべてのトライフォンにおいて同じ位置にある状態をプールした状態集合を，各モノフォンの各状態ごとに用意し，決定木のルートノードに割り当てる．
3. 状態のループ．分割が停止するまで繰り返す．

   (a) 質問のループ (質問集合中のすべての質問 q について以下の処理を行う)

      i. 質問 q で状態集合を分割する

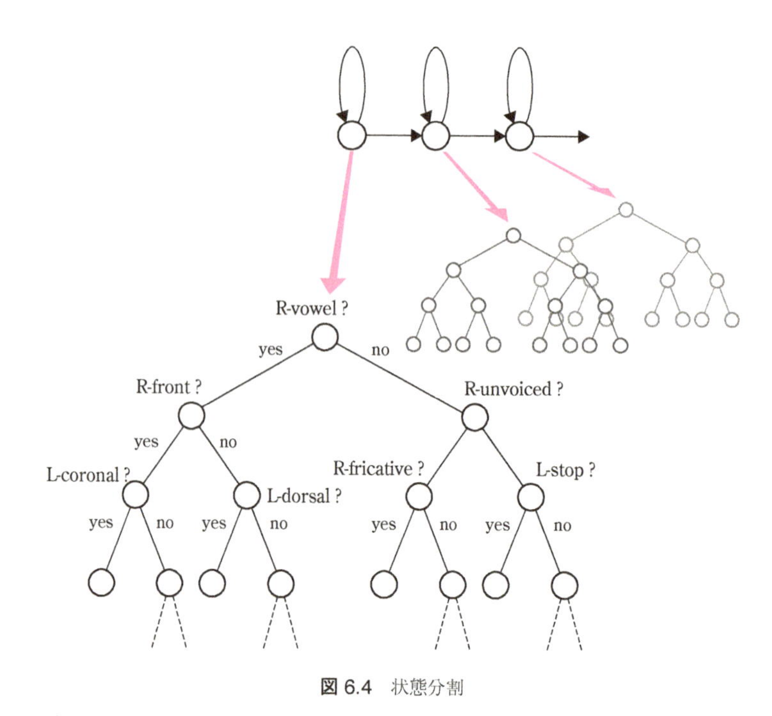

図 6.4 状態分割

ii. 分割前後の対数尤度期待値の差分 $\delta(q)$ を求める (詳細は後述)

iii. もし，差分が最も大きい場合，$q_{\max} = q$ とおく

(b) もし，$\delta(q_{\max}) > T_{\delta}$ のとき，ノードを分割，それ以外のときは分割を停止

4. クラスタリングの結果を反映させたモデルパラメータの共有を行う (モデルの編集)
5. EM アルゴリズムを用いて再学習

対数尤度期待値の差分計算は制約付き EM アルゴリズムを用いて行います．ここで，対数尤度期待値とは，EM アルゴリズムにおける Q 関数です．状態 s の出力確率分布 b_s に対する Q 関数は以下のようになります．

$$Q_{b_s}(\lambda', \mathbf{b}_s) = \sum_{t=1}^{T} P(\mathbf{O}, q_t = s|\lambda') \log b_s(\mathbf{o}_t) = \sum_{t=1}^{T} \gamma_t(s) \log b_s(\mathbf{o}_t)$$

ここでは，制約として，他の状態における事後確率 γ, ξ は，状態分割により変化しないことを仮定します．ある質問 q で状態 s を状態 s_1, s_2 に分割したとき，対数尤度期待値の差分は以下のように計算されます．

$$\begin{aligned}\delta_q &= Q_{b_{s_1}}(\lambda', \mathbf{b}_{s_1}) + Q_{b_{s_2}}(\lambda', \mathbf{b}_{s_2}) - Q_{b_s}(\lambda', \mathbf{b}_s), \\ &= \sum_{t=1}^{T} \gamma_t(s_1) \log b_{s_1}(\mathbf{o}_t) + \sum_{t=1}^{T} \gamma_t(s_2) \log b_{s_2}(\mathbf{o}_t) - \sum_{t=1}^{T} \gamma_t(s) \log b_s(\mathbf{o}_t)\end{aligned}$$

さらに，各出力分布が単一正規分布なので，

$$\begin{aligned}\delta_q = &-\frac{1}{2}\gamma_t(s_1)\left(\log((2\pi)^K|\tilde{\mathbf{\Sigma}}_{s_1}|) + K\right) - \frac{1}{2}\gamma_t(s_2)\left(\log((2\pi)^K|\tilde{\mathbf{\Sigma}}_{s_2}|) + K\right) \\ &+ \frac{1}{2}\gamma_t(s)\left(\log((2\pi)^K|\tilde{\mathbf{\Sigma}}_s|) + K\right)\end{aligned}$$

となります．ここで $\tilde{\mathbf{\Sigma}}_s$, $\tilde{\mathbf{\Sigma}}_{s_1}$，$\tilde{\mathbf{\Sigma}}_{s_2}$ は，各々状態 s，s_1，s_2 における出力分布 (単一ガウス分布) の共分散行列の最尤推定量で，制約付き EM アルゴリズムで求められた値です．各分布の平均ベクトルは計算の結果消えてなくなることに注意してください．

T_δ は差分に対する閾値で，あらかじめ経験的に定められた正の実数です．対数尤度期待値は分割することで増加するか，もしくは，変化しません．つまり，減少することはありません．もし $T_\delta = 0$ とすると，結局最初に用意したトライフォンの状態まで分割が進んでしまいます．

注意点がいくつかあります．音素 HMM は複数の状態から構成されています．最初の状態は前の音素の影響を強く受け，最後の状態は後ろの音素の影響を強く受けます．すなわち，決定木は，その状態の位置によって異なるものになりそうです．そこで，決定木クラスタリングは状態毎に独立に行われます．また，尤度を求めるときには，最初にビタービアルゴリズムを用いてあらかじめ状態とデータとの対応付けを行い，前向き・後ろ向きアルゴリズムによるパラメータ更新では，対応付けられたデータサンプルを用いて状態のパラメータを更新します．したがって，計算時間は短くなります．

6.3 発音辞書

さて，サブワード単位を用いるためには，認識対象となるすべての単語のサブワードによる表記が必要です．それをここでは**発音辞書** (pronunciation dictionary) と呼びます．ここでは，サブワードとして音素を用いる場合について説明します．ほとんどのサブワードは音素から派生したものですので，音素以外のサブワードを用いる場合も音素表記の発音辞書があればその転用は容易です．

話者の人口が多い言語ではその学習のための発音辞書が存在し，それが基本となります．「君 (きみ)」と「黄身 (きみ)」など，同じ発音をもつ複数の単語 (同音異表記語) については音響モデルでは識別できず，言語モデルで識別します．逆に，「上 (うえ)」と「上 (かみ)」など，同じ表記の単語が複数の異なる発音をもつ場合 (同形異音語) の対処法は 2 つあります．まず，それぞれの発音に対する語義が大きく異なる場合は，別々の単語とします．すなわち，単語辞書には，表記のみではなくその発音も記述し，その組を 1 つのエントリとします．それに対し，「工場 (こうじょう)」と「工場 (こうば)」など，語義がほとんど変わらないと判断できる場合は，発音辞書において，1 つの単語に対し複数の発音を記述します．

現実には必ずしも辞書の記述通りに発音されるとは限らず，「揺れ」があります．例えば日本語の例をあげると，「光栄」という単語は多くの場合/kouei/ではなく，/ko:e:/と発音されます．二重母音が長母音に変わっています．これは長音化と呼ばれます．また，「洗濯機」は多くの場合/sentakuki/ではなく/sentakki/と発音されます．母音/u/が促音に置き換わっています．この現象は無声化と呼ばれます．他にもさまざまな揺れがあります．これらの現象は 1.3 節で説明した調音結合により引き起こされるものです．

この発音の揺れに対応する方法は大きく分けて 2 つあります．まず，比較的変化が小さいか，もしくは，頻度の小さいものについては，HMM の出力確率分布でそれも含めてモデル化してしまいます．例えば混合正規分布を用いる場合，その混合成分のどれかがこれらの現象のモデル化を担当するだろうと期待します．この方法は方法とは呼べず，何もしていないのと同じです．

もう1つの方法では，変化が大きく，かつ，頻度の大きいものについては，明示的に発音辞書を書き換えます．前述の長音化，無声化に対してはしばしばこの方法がとられます．1つの単語に対し，複数の発音表記を用意することもしばしば行われます．

話者の人口の少ない言語やある言語の方言には，その発音辞書が存在していないことがしばしばあります．そのような場合には，単語表記を入力としその発音を出力とする変換器を，その多数のサンプルから学習する，**書記素-音素変換** の技術が用いられます．これは正確には書記素列から音素列を推定する機械翻訳の技術で，n グラムを単位とし，HMM や**条件付確率場** (conditional random field; CRF) が主に使われています．

音声認識の辞書を作るのは大変

音声認識の実用化にあたっては，発音辞書作りや単語辞書作りは地味ですが避けて通れない作業です．以下，日本語を例にとって説明します．音声合成などの他の応用と違い，音声認識の対象は「正しい」日本語ではなく「多くの人が話している」日本語です．まず，多くの人が違う発音として覚えていて，いずれは国語辞書にも記載されるようになるだろう，というものがあります．例としては「早急 (さっきゅう)」に対する「そうきゅう」です．次に，意識せずに発音が変わってしまっている例もあります．例えば「雰囲気 (ふんいき)」という単語は多くの人が「ふいんき」と発音しています．私が現在勤務している場所の地名は「大岡山 (おおおかやま)」ですが，多くの人は「おおかやま」と発音しています．また，単語辞書の例でいえば，自分では「ら抜き言葉」を使っていないと思っている人でも，実は自分では意識せずに使っています．さらに毎日のように新しい単語 (新語) が発生します．

6.4 探索技術

本節では，大語彙連続音声認識を実装するにあたり必要な探索の技術について簡単に触れます．

6.4.1 ワンパス DP サーチ

大語彙連続音声認識では，音響モデルと言語モデルの両方を考慮する必要があります．基本的には，単語を辺としたグラフ (単語グラフ) で言語モデルを表現し，3.2.2 項で説明した，ワンパス DP アルゴリズムが用いられます[49]．しかし，n グラムを展開して，あらゆる可能な単語列を含むグラフを作ることは実際には不可能なので，入力音声のフレームに同期して，単語グラフを動的に構築しながら，探索をするアルゴリズムを用います[50]．そこでは，候補数を減らすために頻繁に経路の「枝刈り」が行われます (ビームサーチ)．

以前は，計算資源が大きくないため，応用に特化したサーチプログラム (デコーダ) が構築されました．いかに少ないリソースで性能が高く速いデコーダを作るかが競われました．デコーダの構築は音声認識に対する理解と高度なプログラミング技術と計算機アーキテクチャについての知識，それらすべてを必要とする職人芸でした．

6.4.2 WFST

その後，計算機技術の進歩に伴い，CPU 速度が速くなり使用可能なメモリ量が大きくなってきました．また，インターネットが発達し，音声データや特徴量をインターネットを介してサーバに送り，そこで音声認識処理を行うサーバ側での音声認識が可能になってきました．そこでは，携帯型端末などで処理を行う場合に比べ大きな計算量が使えます．それに伴い，HMM と n グラムを統合した枠組みとして**重み付き有限状態トランスデューサ** (Weighted Finite State Transducer; WFST)[47] が用いられるようになりました．これは，入力のみの有限状態オートマトンに出力も付け加えて，入力から出力への変換器 (トランスデューサ) とし，各遷移に正の実数の重みを付随させたものです．HMM と n グラムを用いる処理と同等の処理を統一的に実現できます．WFST の詳細については，参考文献[30, 77] に詳しい解説があります．

6.5 識別学習

本節では，生成モデルである HMM を識別的に学習する方法，識別学習についてその概要を説明します．

6.5.1 識別学習の定式化

これまで説明してきたように，隠れマルコフモデルは，単語列 W が音声特徴ベクトルの時系列 X を生成する確率 $P(X|W)$ を出力する生成モデルです．したがって，その学習基準は最尤基準です．すなわち，与えられたデータの出現確率が最も高くなるようにそのパラメータが推定されます．一方，音声認識では認識率が最も高い (誤認識が最も小さい)，すなわち，式 (4.2) の $P(W|X)$ を最大化するモデルが必要です．

今，式 (4.2) を以下のように書いてみます．

$$P(W|X) = \frac{P(X|W)P(W)}{P(X)} = \frac{P(X|W)P(W)}{\sum_W P(X|W)P(W)} \tag{6.1}$$

ここで，右辺の分母は出現可能な単語列すべてについての和です．ここで，$P(X|W)$ のパラメータを学習すると，分母の値も変化することに注意してください．すなわち，最尤基準で分子の $P(X|W)$ を最大化しても，同時に分母も大きくなる可能性があり，その場合，$P(W|X)$ が最大化されるとは限りません．そのことは，式 (6.1) を以下のように書き直してみると，よりはっきりと理解できます．

$$P(W|X) = \frac{1}{1 + \sum_{W' \neq W} P(X|W')P(W')/P(X|W)P(W)}$$

すなわち，正解単語列を与えたときの確率を大きくするとともに，それ以外の単語列の確率を小さくするようにモデルパラメータを学習する必要があります．

この事後確率の最大化は，正解を 0，誤りを 1 とした 0-1 損失基準を用いたときの期待損失の最小化と等価です．すなわち，認識誤りの個数を最小にするための基準とみることもできます．このような基準に基づく学習を特に識別学習と呼びます．

大語彙連続音声認識においては，式 (6.1) の右辺の分母を厳密に計算することは困難です．そこで，多くの場合，いったん初期モデルで認識して正解と競合する仮説を求め，その確率の和で代用します．競合仮説として，最も確率の高い競合仮説を 1 つ選ぶ方法，確率の高い仮説を複数個選ぶ方法 (N

ベスト法)，求められた仮説すべてを含んだ単語グラフを用いる方法，などがあります．

識別学習にはいくつか手法がありますが，それぞれ異なる基準 (目的関数) を用いています．以下，その中でも代表的なものとして，相互情報量最大化学習と音素誤り最小化学習の 2 つについて説明します．より詳細を学びたい場合は He らの解説[27] が役立つでしょう．

6.5.2 相互情報量最大化学習

この方法は**相互情報量最大化** (maximum mutual information; MMI) 基準に基づく学習方法[2] です．今，観測データ X と単語列 W の相互情報量 $I(W,X)$ は以下の式で表されます．

$$I = E_{(X,W)}\left[\log \frac{P(W,X)}{P(W)P(X)}\right]$$

ここで E はすべてのデータと単語列のペア (X,W) について期待値をとる操作です．ある特定のデータ X と単語列 W について書くと，

$$\log \frac{P(W,X)}{P(W)P(X)} = \log \frac{P(X|W)}{\sum_{W'} P(X|W')P(W')}$$

となります．この式と事後確率最大化の式 (6.1) の違いは分子における $P(W)$ の有無のみで，ほぼ同じと言ってよいでしょう．

MMI 学習におけるパラメータ推定では，バウム・ウェルチアルゴリズムを用いた HMM の学習で得られたパラメータ値を初期値とした，**拡張バウム・ウェルチアルゴリズム** (extended Baum-Welch algorithm) という学習方法が用いられます．

6.5.3 音素誤り最小化学習

MMI 学習は，異なる単語列を識別することを目的とした基準でした．実用においては認識性能は単語正解率や音素正解率で測ることが多いので，これらをより直接的に反映した基準のほうがよいように思えます．**音素誤り最小化** (minimum phone error; MPE) 基準に基づく手法[52] は音素の誤認識を直接的に削減することを目的としています．

$$\mathrm{MPE}(W, X) = \sum_{W'} \frac{P(X|W')P(W')\mathrm{Acc}(W, W')}{P(X|W')P(W')}$$

ここで，$\mathrm{Acc}(W, W')$ は正解単語列 W に対する単語列 W' の音素誤り割合 (0 以上 1 以下の実数) になります．MPE 学習のパラメータ推定には EBW を直接用いることができず，多くの場合に勾配降下法が用いられます．MMI 学習も MPE 学習も収束は保証されず，また，収束する場合も制御パラメータの値により効率が大きく異なるので，制御パラメータの注意深い設定が必要です．

Chapter 7

耐雑音音声認識

雑音は英語でノイズ (noise) と言いますが，画像などの他のメディアでも信号以外の情報のことをノイズと言います．その場合は役に立たない邪魔なもの，除去すべきもの，の意味で用いられますね．これらの場合，日本語で雑音と書かれることもしばしばあります．しかし，ここでの音声における雑音は文字通り音のことを意味します．雑音は音声認識の性能を劣化させる原因です．雑音自体の性質をよく知ることで，雑音の影響をある程度まで抑えることができます．

7.1　雑音とは

屋外での使用時などには雑音が大きく，その影響で雑音を音声と誤って認識したり，雑音が重畳した音声の認識に失敗することがよくあります．現在のところ自動音声認識は，静かな環境 (しばしばクリーンな環境と言います) では人間に近い性能を示しますが，雑音環境下ではまだ人間には遠く及びません．

雑音として，まず，周囲の音源から発せられる**周囲雑音** (environmental noise) があります．例えば地下鉄の音，自動車走行音，バックグラウンドミュージック，ガヤガヤという雑踏など，たくさんの種類があります．人間はそれらの周囲雑音の性質を無意識に学習しており，与えられた環境下で得られる知見を総動員して認識処理を行います．例えば 1.1 節で説明したマ

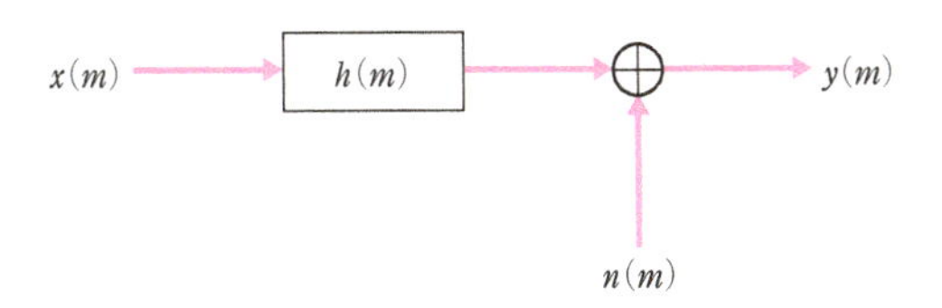

図 7.1 周囲雑音のモデル.

ガーク効果はその例です．現段階では周囲雑音の種類やその性質についてまだ十分にわかっているとは言えません．

また，音声に周囲環境が与える影響として周囲雑音以外にも，**回線歪み**(channel distortion) があります．ここで，回線とは，人間が発した音声が実際にシステムに入力されるまでの経路を指します．例えば電話と普通のマイクロホンでは音声の特性が変わります．また，家庭内ロボットでの利用など，マイクロホンが口のそばにない場合は，空間を伝達している間に音声の特徴が変わります．なお，この場合は，音声のパワーが小さくなり，したがって周囲雑音の影響も相対的に大きくなります．

一般に周囲雑音は音声信号に重畳されることから**加算性雑音** (additive noise) と呼ばれます．一方，回線歪みは音声に畳み込まれるので，**乗算性雑音** (convolutive noise) と呼ばれます．今，$x(m)$ を音声信号，$h(m)$ を回線歪みを表現する線型フィルタ，$n(m)$ を周囲雑音，$y(m)$ を周囲雑音を含む音声信号としたとき，これらの関係は一般に以下の式で定式化されます (図 7.1).

$$y(m) = x(m) * h(m) + n(m)$$

ここで，$*$ は畳み込み演算です．周囲雑音も音声と同様に回線歪みの影響を受けるので，この式は厳密には正しくありませんが，ここでは周囲雑音はすでに回線歪みの影響を考慮したものとします．

雑音は，時間的な変化がほとんどない定常雑音と，時間的に大きく変動する非定常雑音に類別されます．周囲雑音における定常雑音の例としては，例えばオフィスのエアコンの音や航空機内のエンジン音などがあげられます．非定常雑音としては，例えば，建築中の工事音などがあるでしょう．回線歪みも，例えば人が移動しながら話している場合，非定常になります．以下，雑音が定常である場合の周囲雑音，回線歪み各々への対応法について説明し，その後，非定常雑音の扱いについて説明します．

7.2 加算性雑音

加算性雑音への対処は，それを音声から減算する処理が基本です．時間領域における波形から雑音を減算をする方法と，波形をスペクトルに変換したのち，スペクトル領域で減算をする方法とがありますが，効果はほぼ同じです．ここではスペクトル領域で減算する方法の中で代表的な，**スペクトルサブトラクション**[6] (spectral subtraction) について説明します．この方法では，加算性雑音が定常であることを仮定します．

非音声区間で，雑音のパワースペクトルを推定し，音声区間内では，パワースペクトルから，推定した雑音のパワースペクトルを差し引きます．波形上で加算されたものは線形スペクトル上でも加算の形になるため，S を音声のスペクトル，N を雑音のスペクトル，雑音を差し引いた音声のスペクトルを S' とすると，

$$|S'|^2 = \begin{cases} |S|^2 - \alpha|N|^2 & \text{if } |S|^2 > (\alpha+\beta)|N|^2 \\ \beta|N|^2 & \text{otherwise} \end{cases}$$

となります．α は過大評価係数 (overestimation factor)，β は底上げ係数 (flooring factor) と呼ばれるパラメータで，経験的に求められる値です．雑音の種類や大きさによって変わります．α は雑音信号の影響を調整する係数で，しばしば 1 以上の値が使われます．極めて静かな環境で雑音がほとんどない場合や，雑音を引き過ぎた場合には，パワースペクトルがしばしばゼロに近い値になり，スペクトルに深い谷ができます．これは対数をとったときに影響がより大きくなります．この影響を軽減するため，β を乗じた雑音を加算します．

この方法における課題は，雑音スペクトルをどのように推定するかです．音声区間を雑音と誤ると，音声認識が失敗します．多くの場合，音声検出と同様に，インタフェースを工夫して回避しています．すなわち，Push-to-Talk のインタフェース (2.1.4 項) とし，ボタンが押されていない区間を無音声と判断し，そこから推定します．

7.3 乗算性雑音

次に乗算性雑音の除去について考えます．このとき，前節と同様，雑音は定常であると仮定します．7.1 節で説明したように，雑音が重畳した音声 $y(m)$ は，音声 $x(m)$ と乗算性雑音 $h(m)$ との畳み込みの形で表現されます．

$$y(m) = x(m) * h(m)$$

これに対しフーリエ変換を行うと，スペクトル領域では両者の積になります．

$$Y(\omega) = X(\omega)H(\omega) \tag{7.1}$$

ここで，ω は周波数，$X(\omega)$ は音声 $x(m)$ のスペクトル，$H(\omega)$ は乗算性雑音 $h(m)$ のスペクトル，$Y(\omega)$ は乗算性雑音が重畳した音声のスペクトルです．さらに式 (7.1) の対数をとると，

$$\log Y(\omega) = \log X(\omega) + \log H(\omega)$$

となり，対数スペクトル領域では和の形になります．したがって，この領域で減算を行うことにより，乗算性雑音を除去すればよいことがわかります．さらにそこから離散フーリエ逆変換をした，ケプストラム領域で減算をしてもよいことになります．ただし，乗算性雑音は音声区間であろうと非音声区間であろうと同じように存在しているので，乗算性雑音を求める方法は自明ではありません．

雑音が定常であることを仮定しているので，なるべく長い区間に渡るケプストラムの平均を計算し，それを乗算性雑音とみなして，差し引くことにすれば，乗算性雑音の影響をある程度まで除去できると期待されます．そこで，学習データすべてと認識時の入力データすべてに対して，ケプストラムの長時間平均を差し引く処理を行います．これは特徴量正規化の 1 つの手法と捉えることもできます．この手法は**ケプストラム平均正規化** (cepstral mean normalizatoin; CMN)[1] と呼ばれます．

CMN は，回線歪み以外にも，音韻の変化に比べ十分ゆっくり変化する特徴を取り除きます．例えば，複数の話者が会話しているときの話者の違いを

表す特徴などです．ケプストラム平均をとる区間の時間幅をどのように決めるかに選択肢があります．短くして，例えば，発声ごとに求めると，乗算性雑音の変動に対応が容易ですが，発声ごとに異なる音韻の特徴をも差し引いてしまうことになります．実用では数発声程度の長さの区間を用いることが多いようです．

お風呂に入っていると音が聞きにくいことがあります．これは浴室の壁で音が反響しているからです．反響は，浴室ではなくても普通の環境でも生じており，特に遠方の音声を認識するときには問題となります．この反響も広い意味で乗算性雑音の一種です．反響は，部屋の壁までの距離やその材質などで変化します．通常はインパルス応答を計測し，それを用いて反響の回線特性をモデル化します．

7.4 非定常雑音への対応

非定常雑音に対してはスペクトルサブトラクションやCMNの効果は限定的です．もし，話者に対する雑音の相対的な音源位置が変わらない場合には，**能動的騒音制御** (active noise control; ANC) がしばしば用いられます．これは，(マイクロホンの位置において) 対象となる雑音と同じ周波数成分と振幅をもち，その反対の位相になるような音を，別の音源 (スピーカ) から発生させ，マイクロホンに入る雑音を打ち消すものです．例えば，自動車内でエンジン音の影響を抑えるために用いられます．

また，マイクロホンを複数用いる方法もあります．例えば，2入力スペクトルサブトラクションと呼ばれる方法があります (図 7.2)[84]．この方法では，まず，2本のマイクロホン A，B を用意し，A は音声，B は雑音をとります．そして，非音声区間において，パワースペクトルの各ビンにおける A と B の相関係数を求めておきます．そして，音声区間において，その相関係数を用いて A のパワースペクトルから B のパワースペクトルを差し引く処理を行います．この方法では雑音用のマイクを置く位置をどこにするかが重要です．すなわち，目的の音声はなるべく入らず，周囲雑音は音声用のマイクとなるべく同様になるようにする必要があります．これは広い意味で次に述べるマイクロホンアレイの範疇に入ります．

一般にマイクロホンアレイによる信号処理では，複数マイクからの入力信

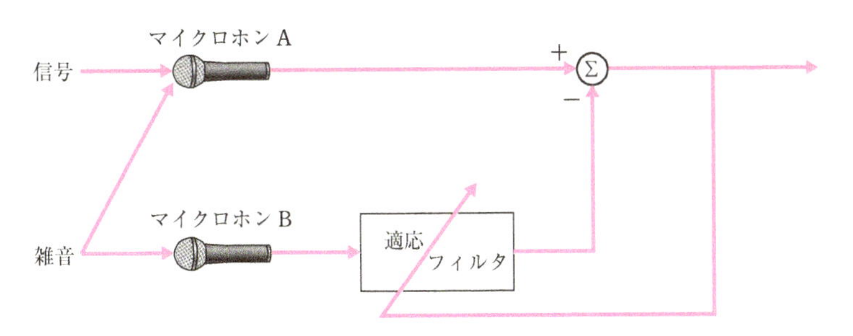

図 7.2 2入力サブトラクション.

号の加重和を用います．信号源や雑音源の位置推定，目的信号の強調，雑音の抑圧に用いられます．マイクロホンアレイ処理には大きく分けて2種類あります．1つは信号強調する，つまり，信号源への指向性を高くするための**遅延和アレイ** (delay-and-sum array) で，もう1つは，ある方向からの雑音を打ち消す**適応アレイ** (adaptive array) です．後者では，必ずしも雑音源の方向が既知である必要はありません．遅延和アレイでは以下の式で時間遅れ τ (s) を計算し，それを用いて特定方向からの信号を増幅します (図 7.3).

$$\tau = \frac{c}{d} = \frac{c}{l \sin\theta}$$

ここで c は音速 (m/s)，l は2つのマイクロフォン間の距離 (m)，θ は2つのマイクロホンを結ぶ直線の法線方向と信号方向のなす角 (rad) です．

非定常雑音に対応する手法としては，今まで述べてきたもの以外に，非定常雑音のモデルを作成しそれを用いる方法があります．代表的なものとして，**並列モデル結合**[19] (parallel model combination; PMC) をあげておきます．これは，非定常雑音も音声と同様に HMM でモデル化し，それと音声の HMM を合成して雑音下の音声のモデルとするものです．例を図 7.4 に示します．複数の独立な HMM を合成した HMM は，**階乗 HMM** (Factorial HMM) [22] と呼ばれますが，PMC の HMM はその一種です．音声 HMM と雑音 HMM の各々の状態のペアに対応して状態が定まります．この方法は，あらかじめ雑音の種類やその大きさが決まっており，かつ，その学習データが豊富にある場合に特に有効です．

階乗 HMM を学習する手続きは複雑なため，PMC では，独立に音声 HMM

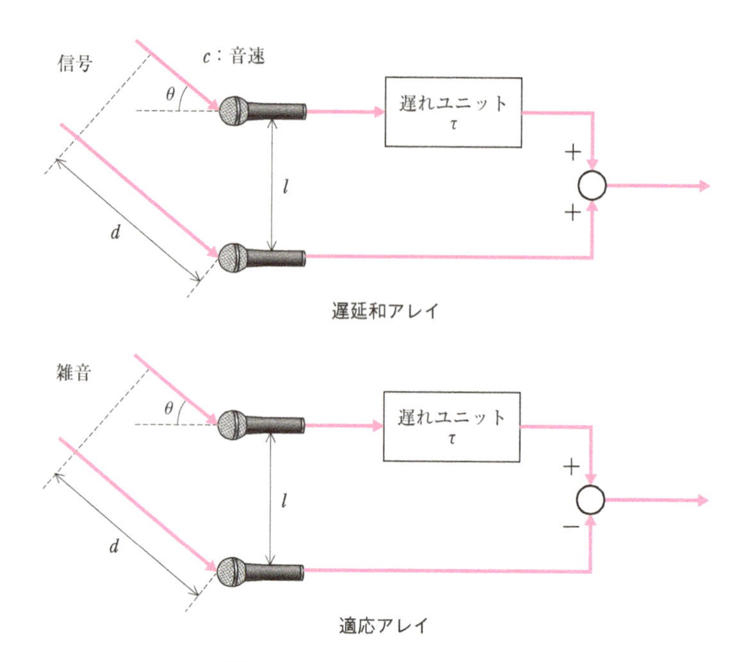

図 7.3　遅延和アレイと適応アレイ.

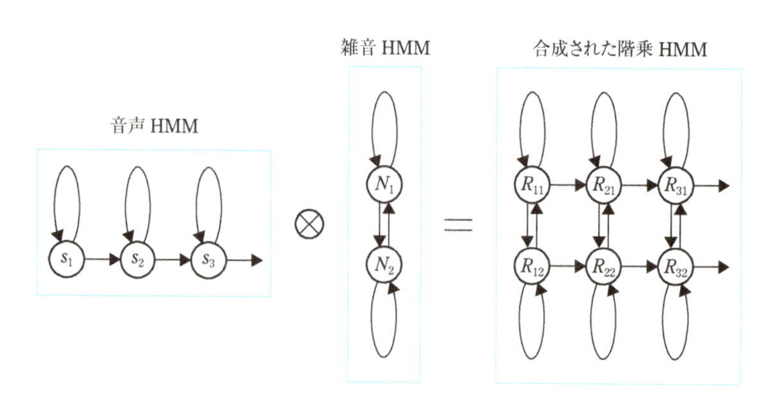

図 7.4　並列モデル結合.

と雑音 HMM を学習し，その後この 2 つを合成します．混合正規分布を出力確率分布として用いる場合，合成の方法は自明ではありません．例えば，特徴量としてケプストラムを用いる場合，スペクトル次元に変換してからスペクトル空間で合成し，それをまたケプストラムに戻す処理が必要になります．

Chapter 

話者適応と話者認識

音声には，音声認識で必要な音韻の特徴以外の特徴が多く含まれています．その中でも，誰が話しているか，すなわち，話者に関する特徴は重要です．音声工学において音声に含まれる音韻特徴と話者特徴の分離は長年の課題ですがいまだ解決していません．例えば，第3章で述べたように，不特定話者認識の性能は一般に特定話者認識の性能に劣ります．話者により音韻の音響的特徴が異なるからです．本章の前半では，話者の少量の発声を用いて，音響モデルを話者の特徴に適応させる，話者適応の技術を説明します．本章の後半では，音声に含まれる話者に関する特徴を用いて話者を識別する話者認識の手法を説明します．そこでは，音韻の特徴をどのように取り除くかが焦点となります．

8.1 話者適応とは

音声には，音韻を表す特徴と話者性を表す特徴が混在しています．もし，この両者を分離することができれば，不特定話者認識の性能は話者によらず高くなります．話者性を引き起こす要因としては，生得的なものと非生得的なものがあります．生得的なものとしては，調音器官の特性 (声帯，声道長，声道形状) や声の大きさ，非生得的なものとしては，体調や方言，感情などがあります．これらの要因により生じる話者に固有の特徴は，音韻ごとにも異なっており，現段階では音韻を表す特徴と話者性を表す特徴を分離することができません．ですので，何らかのデータ駆動型の方法に頼らざるを得ません.

もし少量の発声で特定話者に近い性能をあげることができれば，使用者の負担をあまりかけずに高い性能を得ることができます．**話者適応** (speaker adaptation) はそのための音声認識のモデルパラメータを更新する技術です．機械学習の用語では，これは生成モデルの**転移学習** (transfer learning) です．もちろん，一般には，少量のデータでの学習を行えば，過学習が起きてかえって性能が劣化します．それを防ぐためには何らかの事前知識を活用する必要があります．

話者適応には，教師信号の与え方により，**教師あり話者適応** (supervised speaker adaptation) と**教師なし話者適応** (unsupervised speaker adaptation) があります．教師あり話者適応は，話者の登録音声に対応する書き起こし (トランスクリプション) を用いるものです．読み上げた音声を認識するディクテーションなどの用途では，登録のための作業を使用者に課します．そこでは使用者に文章を提示し，使用者がそれを読み上げた音声を適応に用います．ただ，一般の音声認識の用途では使用者に登録を強いることは現実的ではありません．その場合には教師なし話者適応が使われます．

教師なし話者適応では，多くの場合，音声認識の結果得られたテキストを教師とした教師あり話者適応が行われます．もちろん音声認識誤りが避けられないので，発声内容が既知の場合と比べると性能向上の度合いは小さくなります．雑音下などで音声認識の性能が低い場合は，適応した結果，不特定話者認識に比べてかえって性能が劣化することもあるので，使い方には注意が必要です．

教師なし話者適応では，使用者に登録作業を課しません．例えばディクテーションの用途では，使用者はシステムが用意した文章を読み上げることをしません．使用者が実際にディクテーションを使用しているときの音声を用いて適応します．その場合，使用者の音声が増えるに従って性能が高くなることが期待されます．そのために，現在使っているモデルを初期モデルとした教師なし話者適応を発声が増える度に行います．そのような方式を逐次話者適応と呼びます．それに対して，適応に必要な発声が得られたら一気にモデル更新を行う方法を，バッチ話者適応と呼びます．

ここでは話者適応について代表的な技術として，事後確率最大化法と最尤線形回帰法を紹介します．

8.2 事後確率最大化法

この事後確率最大化法[20] は，**事後確率最大化** (maximum a posteriori; MAP) 推定を HMM のパラメータ推定に適用したものです．以下，まず MAP 推定について解説したのち，それを HMM を用いた音声認識に適用する方法を説明します．

8.2.1 事後確率最大化推定

確率変数 x の確率密度分布を $f(x|\theta)$ とするとき，x の観測値 $\mathcal{X} = \{x_1, \ldots, x_T\}$ を用いて，パラメータ θ を推定する問題を考えます．最尤推定では，パラメータは以下の式で推定されます．

$$\tilde{\theta} = \operatorname*{argmax}_{\theta} f(\mathcal{X}|\theta)$$

ここで，$\tilde{\theta}$ は最尤推定量です．一方，MAP 推定では，パラメータ θ もある確率密度分布に従って分布する確率変数とみなし，その分布はデータの観測により変化すると考えます．データを観測する前のパラメータの分布は**事前分布** (prior distribution) と呼ばれます．ここでは $g(\theta)$ と置きます．このとき，データ $\mathcal{X}$ を観測した後のパラメータの確率密度分布 $g(\theta|\mathcal{X})$ は**事後分布** (posterior distribution) と呼ばれ，ベイズの定理を用いて以下のように表されます．

$$g(\theta|\mathcal{X}) = \frac{f(\mathcal{X}|\theta)g(\theta)}{\int f(\mathcal{X}|\theta)g(\theta)d\theta}$$

MAP 推定では，次式に示すように，事後分布のモード，すなわち，事後分布を最大にするパラメータを求めます．

$$\begin{aligned}\hat{\theta} &= \operatorname*{argmax}_{\theta} g(\theta|\mathcal{X}) \\ &= \operatorname*{argmax}_{\theta} f(\mathcal{X}|\theta)g(\theta)\end{aligned}$$

この $\hat{\theta}$ は **MAP 推定量** (MAP estimator) と呼ばれます．

このMAP 推定は，事前分布を適切に設定することにより，最尤推定よりも少量のデータで精度の高い推定を行うことも目的とします．ですから，事前分布の設定が重要です．事前分布は，我々が問題の性質に対する自らの主観をもとに決定します．事前分布の選び方に正解は存在しません．

MAP 推定量を解析的に求めることが容易なのは，$f(x)$ が有限次元の**十分統計量** (sufficient statistics) をもっている場合です．また，ある正則性条件のもとで，十分統計量が有限次元になるのは，$f(x)$ が**指数分布族** (exponential family) に属する場合に限られます．もし，$f(x)$ が指数分布族に属するとき，事前分布を $f(x)$ のカーネル分布 (十分統計量のみが確率変数である分布) と同じ族，すなわち，共役な分布族 (conjugate family of distributions) から選択すると，その事後確率分布もやはり同じ族に属することになり，計算がさらに簡単になります[11]．この種の事前分布は，**自然共役事前分布** (natural conjugate prior) と呼ばれ，よく用いられます．

簡単な例として，多次元正規分布のパラメータの MAP 推定を説明します．今，確率変数を k 次元の特徴ベクトル $\boldsymbol{x}$ とし，$\mathcal{X} = \{\boldsymbol{x}_1, \ldots, \boldsymbol{x}_t\}$ を互いに独立で，かつ，同じ分布に従う特徴ベクトルの集合とします．そして，その確率密度分布 $p(\boldsymbol{x})$ が以下に示す多次元ガウス分布であり，その平均ベクトル $\boldsymbol{\mu}$ および共分散行列 $\boldsymbol{\Sigma}$ がともに未知である場合を考えます．

$$\mathcal{N}(\boldsymbol{x}|\boldsymbol{\mu}, \boldsymbol{\Sigma}) = \frac{1}{(2\pi)^{n/2}|\boldsymbol{\Sigma}|^{1/2}} \exp\left[-\frac{1}{2}(\boldsymbol{x}-\boldsymbol{\mu})^\top \boldsymbol{\Sigma}^{-1}(\boldsymbol{x}-\boldsymbol{\mu})\right]$$

ここで $\top$ は転置を表します．最尤推定では，次式に示す尤度関数 $f(\mathcal{X})$ を最大にするパラメータ集合が選択されます．

$$f(\mathcal{X}|\theta) = \prod_{t=1}^{T} p(\boldsymbol{x}_t|\theta)$$

最尤推定量 $\tilde{\theta} = \{\tilde{\boldsymbol{\mu}}, \tilde{\boldsymbol{\Sigma}}\}$ は，簡単な計算により，以下のようになります．

$$\tilde{\boldsymbol{\mu}} = \frac{1}{T}\sum_{t=1}^{T} \boldsymbol{x}_t,$$

$$\tilde{\boldsymbol{\Sigma}} = \frac{1}{T}\sum_{t=1}^{T} (\boldsymbol{x}_t - \tilde{\boldsymbol{\mu}})(\boldsymbol{x}_t - \tilde{\boldsymbol{\mu}})^\top$$

次に MAP 推定です．まず事前分布として自然共役事前分布をとることを

考えます．多次元正規分布 $\mathcal{N}(\boldsymbol{x}|\boldsymbol{\mu},\boldsymbol{\Sigma})$ に対する自然共役事前分布は以下に示す**正規・ウィシャート分布** (normal-Wishart distribution) です．

$$g(\boldsymbol{\mu},\boldsymbol{\Sigma}|\boldsymbol{\mu}_0,\boldsymbol{\Sigma}_0,\alpha,\tau) \propto \\ |\boldsymbol{\Sigma}|^{-\frac{\alpha-k}{2}} \exp\left[-\frac{\tau}{2}(\boldsymbol{\mu}-\boldsymbol{\mu}_0)^\top\boldsymbol{\Sigma}^{-1}(\boldsymbol{\mu}-\boldsymbol{\mu}_0)\right] \exp\left[-\frac{1}{2}\mathrm{tr}(\boldsymbol{\Sigma}_0\boldsymbol{\Sigma}^{-1})\right]$$

ここで，$(\boldsymbol{\mu}_0,\boldsymbol{\Sigma}_0,\alpha,\tau)$ は事前分布のパラメータで，$\alpha > k-1$, $\tau > 0$ の条件があります．また $\boldsymbol{\mu}_0$ は次元数 k のベクトルであり，$\boldsymbol{\Sigma}_0$ は $k \times k$ の正定値行列です．すなわち，事前分布は，事前分布の共分散を $\tau^{-1}\boldsymbol{\Sigma}$ としたときの平均ベクトルの事前分布と共分散の周辺分布との積で表されます．ちなみに，このとき平均ベクトルの周辺分布は正規分布ではなく**スチューデントの t 分布** (Student's t distribution) となります．MAP 推定量 $\hat{\theta} = \{\hat{\boldsymbol{\mu}},\hat{\boldsymbol{\Sigma}}\}$ は以下の事後確率を最大にするパラメータとして求められます．

$$g(\boldsymbol{\mu},\boldsymbol{\Sigma}|\mathcal{X}) = c\prod_{t=1}^{T} p(\boldsymbol{x}_t|\boldsymbol{\mu},\boldsymbol{\Sigma})g(\boldsymbol{\mu},\boldsymbol{\Sigma}|\boldsymbol{\mu}_0,\boldsymbol{\Sigma}_0,\alpha,\tau)$$

ここで c は，$\mathcal{X}$ に依存するが $(\boldsymbol{\mu},\boldsymbol{\Sigma})$ には依存しない，スケーリングのための係数です．簡単な計算の後に以下を得ます．

$$\begin{aligned}\hat{\boldsymbol{\mu}} &= \frac{\tau\boldsymbol{\mu}_0 + \sum_{t=1}^{T}\boldsymbol{x}_t}{\tau + T} \\ \hat{\boldsymbol{\Sigma}} &= \frac{\boldsymbol{\Sigma}_0 + \sum_{t=1}^{T}(\boldsymbol{x}_t-\hat{\boldsymbol{\mu}})(\boldsymbol{x}_t-\hat{\boldsymbol{\mu}})^\top + \tau(\boldsymbol{\mu}_0-\hat{\boldsymbol{\mu}})(\boldsymbol{\mu}_0-\hat{\boldsymbol{\mu}})^\top}{(\alpha-k)+T}\end{aligned}$$

これらの 2 式から容易にわかるように，MAP 推定量は，事前分布パラメータと最尤推定量との重み付け平均になります．サンプル数 t が大きくなるに従い，MAP 推定量 $\hat{\theta} = \{\hat{\boldsymbol{\mu}},\hat{\boldsymbol{\Sigma}}\}$ は最尤推定量 $\tilde{\theta} = \{\tilde{\boldsymbol{\mu}},\tilde{\boldsymbol{\Sigma}}\}$ に近づきます．すなわちデータ量が極めて少ない場合には事前分布パラメータの重みが大きく，データ量が増えるにつれてデータから得られる最尤推定量の重みが徐々に大きくなる，という形になっています．最尤推定に比べ，データ量が少ない場合に特に安定であることが理解できるでしょう．

なお，ここでは，事後確率を最大にするパラメータを求める MAP 推定について解説しましたが，事後分布そのものを推定する**ベイズ推定** (Bayesian inference) で得られた結果の一部を取り出したもの，という見方もできます．

音声認識におけるベイズ推定については参考文献[74] に詳しく解説されています．

8.2.2 HMM への適用

ここでは，連続分布 HMM のパラメータの MAP 推定を行う話者適応化手法について説明します[20]．この手法は一般に MAP 適応と呼ばれています．

今，4.3 節，4.5 節の定義に従い，HMM のパラメータセットを $\lambda = \{\Pi, A, W, B\}$ とします．ここで，$\Pi = \{\pi_i\}$ は Λ における初期確率，$A = \{a_{ij}\}$ は遷移確率，$W = \{w_{ik}\}$ は混合正規分布における混合重み係数，$B = \{b_{ik}(\boldsymbol{x})\}$ は各混合成分の出力確率でした．添字 i, j は状態，添字 k は各状態における個々の混合成分を示しています．

HMM など隠れ変数の存在するモデルには一般に自然共役事前分布は存在せず，したがって，解析的に解を求めることができません．そこで，ここでは，Π，A，W，B がお互いに独立であり，かつ，同じ種類の各要素の間もお互いに独立であると仮定し，それぞれに対する自然共役事前分布の同時確率分布を事前分布とすることにします．正規分布に対する出力確率分布としては前出の正規・ウィシャート分布が用いられ，初期確率，遷移確率，重み係数に対する事前分布としては**ディリクレ分布** (Dirichret distribution) が用いられます．すなわち，事前分布は以下の形になります．

$$g(\Lambda) = g(\Pi)g(A)g(W)g(B) = C\prod_{i=1}^{N}\left[\pi_i^{\eta_i-1}\left(\prod_{j=1}^{N}a_{ij}^{\eta_{ij}-1}\right)\left(\prod_{k=1}^{K}w_{ik}^{\nu_{ik}-1}g(b_{ik})\right)\right] \tag{8.1}$$

ここで，C は正規化のための係数，η_i，η_{ij}，ν_{ik} は，それぞれ，初期確率 π_i，遷移確率 a_{ij}，重み係数 w_{ik} に対する事前分布のパラメータです．$g(b_{ik})$ は正規分布 $b_{ik}(\boldsymbol{x})$ に対する事前分布であり，ここでは正規・ウィシャート分布です．

このような事前分布を設定すると，最尤推定と同様に，EM アルゴリズムを用いて MAP 推定量の局所解を求めることができます．今，HMM パラメータの最尤推定で用いられる補助関数を $Q(\Lambda, \bar{\Lambda})$ とするとき，MAP 推定のための補助関数として

$$R(\Lambda, \bar{\Lambda}) = Q(\Lambda, \bar{\Lambda}) + \log g(\Lambda) \tag{8.2}$$

をとり，期待値算出と最大化の手続きを交互に繰り返すことにより R の最大化を行います．ここで $\bar{\Lambda}$ は直前の手続きにおけるパラメータ値です．式 (8.1) を式 (8.2) に代入して，最大化を行うと，その時点での MAP 推定量は以下のように求められます．

$$\hat{\pi}_i = \frac{(\eta_i - 1) + \gamma_{i1}}{\sum_{j=1}^{N}(\eta_j - 1) + \sum_{j=1}^{N}\gamma_{j1}} \tag{8.3}$$

$$\hat{a}_{ij} = \frac{(\eta_{ij} - 1) + \sum_{t=2}^{T}\xi_{ijt}}{\sum_{j=1}^{N}(\eta_{ij} - 1) + \sum_{j=1}^{N}\sum_{t=2}^{T}\xi_{ijt}} \tag{8.4}$$

$$\hat{w}_{ik} = \frac{(\nu_{ik} - 1) + \sum_{t=1}^{T} c_{ikt}}{\sum_{k=1}^{K}(\nu_{ik} - 1) + \sum_{k=1}^{K}\sum_{t=1}^{T} c_{ikt}} \tag{8.5}$$

$$\hat{\boldsymbol{\mu}}_{ik} = \frac{\tau_{ik}\boldsymbol{\mu}_{0ik} + \sum_{t=1}^{T} c_{ikt}\boldsymbol{x}_t}{\tau_{ik} + \sum_{t=1}^{T} c_{ikt}} \tag{8.6}$$

$$\begin{aligned}\hat{\boldsymbol{\Sigma}}_{ik} = & \frac{1}{(\alpha_{ik} - p) + \sum_{t=1}^{T} c_{ikt}} \times \\ & \left[\boldsymbol{\Sigma}_{0ik} + \sum_{t=1}^{T} c_{ikt}(\boldsymbol{x}_t - \hat{\boldsymbol{\mu}}_{ik})(\boldsymbol{x}_t - \hat{\boldsymbol{\mu}}_{ik})^\top \right. \\ & \left. + \tau_{ik}(\boldsymbol{\mu}_{0ik} - \hat{\boldsymbol{\mu}}_{ik})(\boldsymbol{\mu}_{0ik} - \hat{\boldsymbol{\mu}}_{ik})^\top\right]\end{aligned} \tag{8.7}$$

ここで，γ_{i1} は時刻 1 に状態 i に存在する事後確率，ξ_{ijt} は時刻 t に状態 i から状態 j に遷移する事後確率，c_{ijk} は時刻 t の特徴ベクトルが状態 i の混合

成分 k から出力される事後確率です．この推定されたパラメータを $\bar{\Lambda}$ とし，手続きを補助関数 R の値が収束するまで繰り返します．

事前分布のパラメータとしては，多くの場合，データが観測されない場合の MAP 推定量が，不特定話者 HMM のパラメータと一致するように定められます．また，HMM を用いた音声認識においては平均ベクトルのパラメータの適応化は，他のパラメータの適応化に比べ効果が極めて大きいため，実用上は平均ベクトルのみの適応化で十分である場合がほとんどです．

また，この例では，式 (8.3)〜(8.7) から容易にわかるように，MAP 適応で推定されたパラメータは，不特定話者 HMM パラメータとデータによるパラメータの最尤推定値とを内挿した値となります．これはデータ量が少なく最尤推定値の精度が低い場合にも頑健な推定が行われることを意味します．また，データ量が増えるにつれ最尤推定値に徐々に近づきます．

一方で，出現したデータが少量の場合，それに対応するモデルパラメータしか更新されず，その他のパラメータは不特定話者のパラメータがそのまま使われます．したがって，データ量の増加に伴う認識性能の改善の度合は比較的緩やかです．

データ量が少量しか得られないときにでも認識性能を改善する方法として，**構造的事後確率最大化**[65] (structural maximum a posteriori; SMAP) 法があります．この手法では，HMM の混合正規分布をクラスタリングして正規分布の階層構造を作り，データが少量のときには音響的なバックオフを行います．すなわち，データ量が少量のときにはルートに近い大局的な分布のパラメータを更新し，それをリーフの HMM の混合分布のパラメータに反映します．データ量が増えるについてよりリーフに近い分布のパラメータを用います．

8.3 最尤線形回帰法

音響特徴量空間における話者間の写像を用いる話者適応手法として，**最尤線形回帰法** (Maximum likelihood linear regresson; MLLR) があります[41]．この方法では，ある話者の特徴ベクトルはアフィン変換 (線形変換＋平行移動) により別の話者の特徴ベクトルに変換できると仮定しています．この仮定は厳密には正しくありませんが，推定すべきパラメータが，HMM のパラメータすべてを推定する場合に比べ著しく少ないため，安定した性能向上を得ることができます．

最尤線形回帰法では，以下に示す変換により連続分布 HMM のガウス分布の平均ベクトル $\boldsymbol{\mu} = (\mu_1, \ldots, \mu_n)^\top$ が更新されます．ここで n は特徴ベクトルの次元数です．

$$\hat{\boldsymbol{\mu}} = \mathbf{A}\boldsymbol{\mu} + \boldsymbol{b}$$

ここで $\mathbf{A}$ は $n \times n$ の行列，$\boldsymbol{b}$ は次元数 n のベクトルです．この式は $\boldsymbol{\mu}$ に関するアフィン変換の式ですが，以下のように線形変換に書き直すことができます．

$$\hat{\boldsymbol{\mu}} = \mathbf{W}\boldsymbol{\xi}$$

ここで，$\boldsymbol{\xi} = (1, \mu_1, \ldots, \mu_n)^\top$ であり，行列 $\mathbf{W}$ は $n \times (n+1)$ の行列で，その 1 列目の縦ベクトルは $\boldsymbol{b}$ と等しくなります．

行列 $\mathbf{W}$ は EM アルゴリズムによる最尤推定により求められます．今，特徴ベクトル系列 $\mathcal{X} = \{\boldsymbol{x}_1, \ldots, \boldsymbol{x}_T\}$ が入力されたとき，補助関数は以下のようになります．

$$\begin{aligned} Q(\mathbf{W}, \bar{\mathbf{W}}) &= K - \frac{1}{2}\sum_{m=1}^{M}\sum_{t=1}^{T}\gamma_m(t)[K_m + \log|\boldsymbol{\Sigma}_m| \\ &\quad +(\boldsymbol{x}_t - \mathbf{W}\boldsymbol{\xi})^\top\boldsymbol{\Sigma}_m^{-1}(\boldsymbol{x}_t - \mathbf{W}\boldsymbol{\xi})] \end{aligned}$$

ここで，$\gamma_m(t)$ は，時刻 t に混合成分 m に存在する事後確率，K は出力確率分布とは独立な項，K_m は，混合成分 m の正規化定数です．このとき，この式から $\mathbf{W}$ の最尤推定値 $\tilde{\mathbf{W}}$ を求める式を以下のように導くことができます．

$$\sum_{t=1}^{T}\sum_{m=1}^{M}\gamma_m(t)\boldsymbol{\Sigma}_m^{-1}\boldsymbol{x}_t\boldsymbol{\xi}_m^\top = \sum_{t=1}^{T}\sum_{m=1}^{M}\gamma_m(t)\boldsymbol{\Sigma}_m^{-1}\tilde{\mathbf{W}}\boldsymbol{\xi}_m\boldsymbol{\xi}_m^\top$$

混合成分の正規分布の共分散行列が対角共分散行列のとき，この方程式は簡単に解けます．まず，上式の左辺を $\mathbf{Z}$ とします．

$$\mathbf{Z} = \sum_{m=1}^{M}\sum_{t=1}^{T}\gamma_m(t)\boldsymbol{\Sigma}_m^{-1}\boldsymbol{x}_t\boldsymbol{\xi}_m^\top$$

さらに，jq 成分が g_{jq} である行列 $\mathbf{G}^{(i)}$ を以下のように定義します．

$$g_{jq} = \sum_{m=1}^{M} v_{ii}^{(m)} d_{jq}^{(m)}$$

ここで，v_{ij} は以下の行列 $\mathbf{V}$ の ij 成分，d_{ij} は行列 $\mathbf{D}$ の ij 成分です．

$$\begin{aligned}\mathbf{V}^{(m)} &= \sum_{t=1}^{T} \gamma_m(t) \boldsymbol{\Sigma}_m^{-1} \\ \mathbf{D}^{(m)} &= \boldsymbol{\xi}_m \boldsymbol{\xi}_m^\top\end{aligned}$$

これらを用いると，$\tilde{\mathbf{W}}$ を求める式は以下のようになります．

$$\tilde{\boldsymbol{w}}_i^\top = \mathbf{G}^{(i)-1} \boldsymbol{z}_i^\top$$

ここで，$\tilde{\boldsymbol{w}}_i$ は $\tilde{\mathbf{W}}_m$ の第 i 列目の列ベクトル，$\boldsymbol{z}_i$ は $\mathbf{Z}$ の第 i 列目の列ベクトルです．

最尤線形回帰法では，HMM の全平均ベクトルに対して 1 つの変換行列が推定されるので，使用者の発声量が増えても性能向上が頭打ちになります．そこで，HMM の分布をいくつかのグループに分け，各々のグループのすべての分布で 1 つの変換行列を共有する方法がしばしば用いられます．グループ分けには音韻ラベルや分布間距離などが用いられます．

次に，共分散行列の適応を考えましょう．共分散行列に対する最尤線形回帰 (MLLR) 法には**制約付き MLLR 法** (constrained MLLR)[15] と**制約なし MLLR 法** (uncostrained MLLR)[18] の 2 種類があります．制約付き MLLR 法は，上式で表される変換を特徴量空間自体の座標変換と捉える立場であり，共分散行列は以下の形式で変換されます．

$$\hat{\boldsymbol{\Sigma}} = \mathbf{A} \boldsymbol{\Sigma} \mathbf{A}^\top$$

変換のヤコビ行列に $\mathbf{A}$ が含まれるため，$\mathbf{A}$ を解析的に求めることができません．ニュートン法などの数値的解法が用いられます．一方，制約なし MLLR 法では，分散自体にも話者性があるという立場から，共分散には平均ベクトルと独立の別の変換行列を仮定し，そのパラメータを推定します．パラメータ数が増えるという欠点はありますが，雑音環境下など分散が大きくなる環境下での適応では，雑音の影響も同時に軽減できる，というメリットがあり

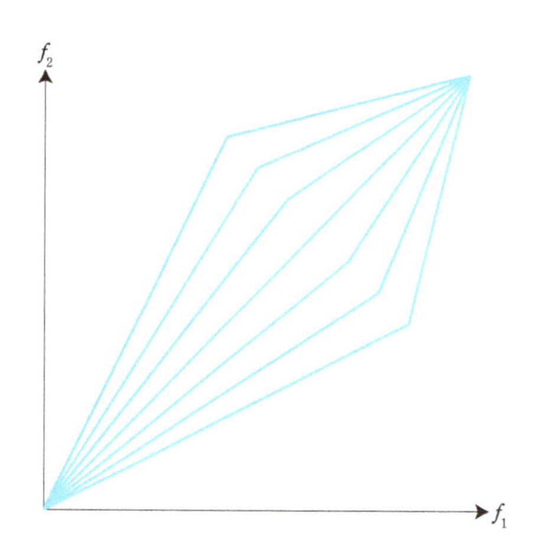

図 8.1 声道長正規化．声道長に対応して周波数軸を伸縮する関数を用意します．

ます．

8.4 話者正規化

モデルを入力データに合うように変換する話者適応と等価な方法として，逆に入力データをモデルに合うように変換する方法も考えられます．そのような処理は一般に正規化と呼ばれ，特に話者の特徴を正規化することを目的とした手法を**話者正規化** (speaker normalization) と呼びます．代表的なものは**特徴量空間 MLLR**[17] (feature space MLLR; fMLLR) です．これは前述の話者適応における制約付き MLLR 法において，用いられた回帰行列の逆行列を用いて特徴量を変換する方法です．

また，より簡便な方法として**声道長正規化** (vocal tract length normalization; VTLN) という方法があります．話者による声道の長さの違いにより，フォルマント周波数が異なり，それが話者による音響的特徴の違いをもたらします．そこで，話者の少量の発声から声道長を推定し，それをもとに周波数軸の非線形な変形 (伸長) を行うことで，入力音声を標準的な声道長の長さの話者が発する音声へと変換します．

実際には以下のような手続きが用いられます[40]．あらかじめ何通りかの

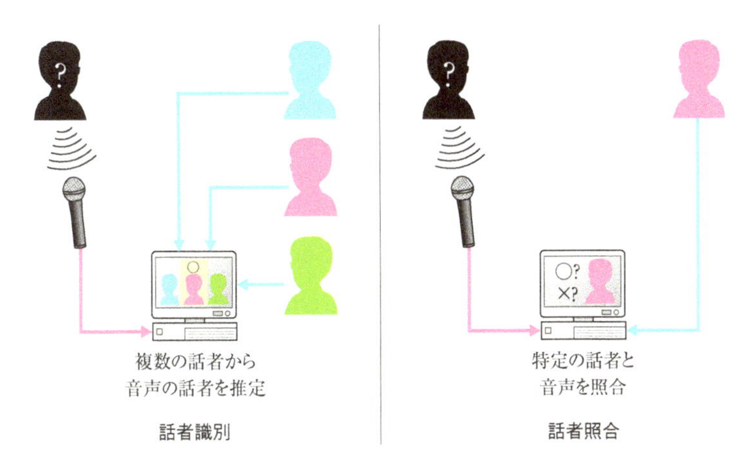

図 8.2 話者識別と話者照合

声道長を仮定して，各々の声道長について周波数軸の変換関数を構成しておきます．その例を図 8.1 に示します．この図では，破線の折れ線の各々が，1 つの f_1 から f_2 への変換関数に対応しています．例えば右下の関数は，高い周波数の音声をより低い周波数に変換します．そして話者の少量の音声を用いて，入力発声を変換した音声が標準話者モデルに対して最も尤度が高くなるような変換を選び，その変換モデルを用いて使用者の音声を変換します．

標準話者モデルは以下のように作成します．まず，不特定話者モデルを標準話者モデルとし，それを用いて学習話者各々について上記の声道長正規化を行い，その音声を変換します．次に，標準モデルを初期モデルとし，すべての話者の変換された音声を用いて学習を行い，標準話者モデルを再構築します．この手続きを収束するまで繰り返します．

8.5 話者認識とは

話者認識 (speaker recognition) は，音声から誰が話しているかを推定する技術です．話者識別と話者照合の応用があります．**話者識別** (speaker identification) では，ある音声を与え，複数の話者の中からそれを誰が話しているかを推定します．**話者照合** (speaker verification) では，ある音声を与え，それが特定の話者が発声したものかどうかの二値判別を行います．前者は例えば，会社の中や家族など，話者の数が比較的少数に限られている状況で，誰の声かを判定するのに用いられます．例えば家庭内ゲーム機や家庭内のペットロボットなどで，家族の誰の声かを判別する，という用途が考えられます．話者照合はセキュリティ目的が主です．本人と本人以外の不特定多数の話者とを識別する個人認証のために用いられます．

音声における変動の要因として音韻の違いのほうが話者の違いよりも大きいので，話者認識においては，音韻の違いによる影響をどのように低減するかが課題となります．その観点からは，もし，書き起こしに相当する発話内容 (テキスト) がわかっていれば，音韻の違いに対処しやすく，話者認識の性能の向上が期待できます．しかしながら，自動音声認識は誤りが避けられません．そこで，話者照合を用いた個人認証などの実用では事前に発声すべきテキストを指定するテキスト依存型の話者認識がしばしば用いられています．それに対し，発声に対応するテキストが事前にわからない，より一般的な話者認識は，テキスト独立型話者認識と呼ばれます．事前に録音された音声に対しても適用できるので，犯罪捜査などの用途に用いられています．

話者認識は，一般に指紋や顔を用いた認識に比べ，その誤り率が大きく，課題が多く残されています．話者性を表す特徴がどのようなものかが，まだよくわかっていないことがその理由です．現在主流の方式は，音声から他の要因を取り除いた残存成分が話者性を表す，と仮定しています．したがって，これらの方式では，話者性のモデル化ではなく，他の要因の除去に焦点があります．なお，近年，音声合成を用いた詐称 (なりすまし) の可能性が指摘され，そのような攻撃に対して耐性をもつ方式の研究も進んでいます．

8.6 i-vector を用いた話者照合

以下，テキスト独立型の話者照合において代表的な手法である，i-vector を用いる方法[12, 13] について説明します．この方法では，まず，音声フレームごとの特徴を 1 つの発声についてまとめることにより，発声ごとの音韻の分布の違いによる影響を軽減します．まとめた特徴は GMM スーパーベクトルで表現されます．次にこの GMM スーパーベクトルに対し因子分析を用いて次元圧縮を行い，i-vector という低次元の固定長のベクトルを得ます．

そして，この i-vector を用いて話者を照合します．この一連の手続きについて順番に説明します．

8.6.1 GMM スーパーベクトル

話者の音声から音韻の分布の違いの影響を軽減した特徴，つまり，話者性を表していると期待される特徴を抽出します．

最初に音声フレームごとの特徴量を抽出します．この音声分析の手続きは，第 2 章で述べた，音声認識の場合と同じです．やはりメルケプストラムやその差分がしばしば用いられます．つまり，現時点では，フレーム単位の特徴量として，音韻性と話者性の分離に有効なものは見つかっていません．

次に，準備として多数話者の平均的な音韻の分布を表すモデルを作成します．ここでは，照合の対象となる話者を含まない，多数話者の音声データを用意し，それを用いて混合正規分布 (GMM) を学習します．GMM は状態を 1 つだけもつ HMM と等価です．この多数話者の音声から学習された GMM は，話者によらない音韻特徴を表現していると期待され，その意味で，**一般背景モデル** (universal background model; UBM) と呼ばれます．UBM は以下の式で定義されます．

$$p(\boldsymbol{o}|\boldsymbol{\theta}_0) = \sum_{k=1}^{K} w_{0k} \mathcal{N}(\boldsymbol{o}|\boldsymbol{\mu}_{0k}, \boldsymbol{\Sigma}_{0k})$$

ここで 0 は UBM のパラメータを示す添え字です．$\boldsymbol{o}$ は各音声フレームの特徴ベクトル，K は混合数，w_{0k} は k 番目の正規分布に対する重み係数，$\boldsymbol{\mu}_{0k}$，$\boldsymbol{\Sigma}_{0k}$ はそれぞれ k 番目の正規分布の平均と共分散，$\boldsymbol{\theta}_0$ はこれら 3 つのパラメータの全混合成分についての集合です．特徴ベクトルの次元数は音声認識の場合と同様に 10〜40 次元，混合数 M は 512 から 2048 程度がよく用いられます．また，共分散行列はもっぱら非対角成分がゼロの対角行列が用いられます．UBM のパラメータは 4.5.5 項で説明した EM アルゴリズムを用いて学習されます．

次に，話者照合の対象となる話者の少量の音声を用いて，UBM のパラメータに対し，8.2 節で説明した事後確率最大化 (MAP) 推定による話者適応を行います．ここでは，平均ベクトルのみを推定し，すべての成分における重み係数と共分散行列の値は固定し，適応しません．重み係数は話者特徴よりはむしろ音韻の特徴により関係していると推測されます．また，共分散行列は，8.2 節で述べたように，話者の違いをあまり反映していません．

平均ベクトルは，上で作成した UBM のパラメータを初期パラメータとして，話者の音声特徴ベクトル列を $\mathcal{X} = x_i, \ldots, x_T$ を用いて，MAP 推定します．その推定式は以下で表されます．

$$\hat{\boldsymbol{\mu}}_k = \frac{\tau_k \boldsymbol{\mu}_{0k} + \sum_{t=1}^{T} c_{kt} \boldsymbol{x}_t}{\tau_k + \sum_{t=1}^{T} c_{kt}}$$

この式は式 (8.6) から状態の添え字を除いたものです．ここで作成した，話者の特徴を反映した GMM を話者 GMM と呼ぶことにします．

そして，以下の式を用いて $\hat{\boldsymbol{\mu}}$ の正規化を行います．

$$\tilde{\boldsymbol{\mu}}_k = \sqrt{w_{0k}} (\boldsymbol{\Sigma}_{0k})^{-1/2} \hat{\boldsymbol{\mu}}_k \tag{8.8}$$

ここでは，UBM においてより重み係数が大きい成分が重視されるように，また，対角共分散行列が単位行列に近くなるように，正規化されます．そして，この成分ごとの平均ベクトルを 1 列に並べたベクトルを作ります．

$$\boldsymbol{m} = (\boldsymbol{\mu}_1^\top, \ldots, \boldsymbol{\mu}_K^\top)^\top$$

このベクトル $\boldsymbol{m}$ の次元数は，音声特徴量の次元数に混合成分数をかけた値になります．このベクトル $\boldsymbol{m}$ は **GMM スーパーベクトル** (GMM supervector) と呼ばれます[8]．式 (8.8) の正規化係数は，2 人の話者の GMM スーパーベクトルの内積が，これらの話者の話者 GMM 間の**カルバック・ライブラー情報量** (Kullback-Leibler divergence) をよりよく近似するように定められています．

GMM スーパーベクトルは一般に高次元です．例えば音声特徴量が 25 次元，混合正規分布の混合数が 1024 のとき，$25 \times 1024 = 25600$ 次元となります．GMM スーパーベクトルを用いる話者認識[8] が過去に精力的に研究されましたが，話者の音声の量が少ないときにはこの高次元のベクトルを精度よく推定できず，性能が向上しないことが課題でした．

8.6.2 i-vector

上述の GMM スーパーベクトルの問題点を解決するために考えられる方

法の 1 つは，その次元を圧縮することです．次元圧縮には主成分分析や因子分析がしばしば用いられます．デハック (Dehak) らは 2009 年に因子分析を用いる方法[12, 13] を提案し，その方法を用いて作られる固定長ベクトルを **i-vector** と呼びました．ここで i とは中間表現 (intermediate representation) の意味です．この方法では発話 (utterance) ごとに i-vector を求めます．通常，i-vector の次元数は 100～1000 程度です．

この方法では，話者の発話から GMM スーパーベクトル m を生成する確率モデルを考えます．そして，i-vector $\boldsymbol{u}$ をその発話に対応する潜在変数とし，その値を事後確率最大化 (MAP) 推定により求めます．ここでは，確率モデルは以下の正規分布とします．

$$p(\boldsymbol{m}|\boldsymbol{u}) = \mathcal{N}(\boldsymbol{m}; \bar{\boldsymbol{m}} + \mathbf{T}\boldsymbol{u}, \boldsymbol{\Sigma})$$

ここで，$\bar{\boldsymbol{m}}$ は UBM における GMM スーパーベクトル，$\boldsymbol{\Sigma}$ は GMM スーパーベクトルの共分散行列です．ここでは因子分析をするので，この行列は対角行列で，その対角成分は一般に互いに異なります．$\mathbf{T}$ は**全変動行列** (total variability matrix) と呼ばれます．そして，モデルパラメータ $\mathbf{T}$，$\boldsymbol{\Sigma}$ と発声ごとの潜在変数 u を多数話者の音声を入力とした EM アルゴリズムを用いて推定します．潜在変数 $\boldsymbol{u}$ は，標準正規分布を事前確率とした，事後確率最大化 (MAP) 推定で求めます．

高次元の GMM スーパーベクトルの次元を直接圧縮する計算では，多くのメモリを必要とします．例えば，25600 次元の場合，その共分散行列の要素数は $(25600)^2 = 0.7 \times 10^9$ です．また，この行列は疎な行列であり，計算誤差も大きくなるでしょう．それに対し，デハックらの方法では i-vector の次元をもつ正方行列の逆行列を計算するだけで済むので，精度も効率も高くなることが期待されます．より詳細な計算の手続きについては例えば小川らの解説[79] を参照してください．一方で，デハックらの方法では局所的な最適解しか得ることができません．ただし，そのことが実用上問題になることは今まではありませんでした．

8.6.3 話者照合アルゴリズム

今，ある発話と別の発話が同一話者が発声したかどうかを各々の発話に対応する i-vector，$\boldsymbol{u}_1$ と $\boldsymbol{u}_2$，を用いて判定することを考えます．代表的な 2

通りの方法があります．

1つ目は2つのi-vectorの間のコサイン類似度を用いる方法です．

$$\cos(\boldsymbol{u}_1, \boldsymbol{u}_2) = \frac{\boldsymbol{u}_1 \cdot \boldsymbol{u}_2}{|\boldsymbol{u}_1||\boldsymbol{u}_2|}$$

2つ目はi-vectorの確率分布を仮定し，仮説検定を行う方法です．すなわち，同一話者からの発声であるという仮説 $\mathcal{H}_1$ と，別の話者からの発声であるという仮説 $\mathcal{H}_2$ のどちらが正しいかを評価します．ここでは，以下の対数尤度比を計算します．

$$\log \frac{p(\boldsymbol{u}_1, \boldsymbol{u}_2|\mathcal{H}_1)}{p(\boldsymbol{u}_1|\mathcal{H}_0)p(\boldsymbol{u}_2|\mathcal{H}_1)}$$

確率分布としては正規分布が用いられます．i-vectorに対し，さらに**確率的線形判別分析** (probabilistic linear discriminant analysis; PLDA) を用いて次元圧縮を行い，その結果に対し仮説検定を行う方法がよく用いられます．

この2つの手法いずれにおいても，求めた値が事前に決めておいた閾値より大きければ同一の話者の音声，そうでなければ別の話者の音声とします．

Chapter 9

深層学習

2010 年頃から深層学習が音声認識に適用され，誤認識が一挙に 2〜3 割削減されました．これは長い音声認識研究の歴史の中でも画期的なできごとでした．その後も着実に進歩し，2017 年には電話音声の認識で人間とほぼ同等の認識率まで到達しました．現在では，深層学習は音声認識の手法として当たり前の技術になっています．ただ現時点 (2017 年末) ではまだ十分に成熟した技術とは言えず，また，なぜ性能がいいのか，理由はよくわかっていません．本章では，これまでの音声認識における深層学習技術の進展について説明します．なお，音声に直接関係ないニューラルネットワークの学習・認識アルゴリズムの詳細については本シリーズの『深層学習』[78] に譲り，内容の理解に必要な場合にのみ言及することにします．

9.1 ニューラルネットワーク

ニューラルネットワークは，一般にユニットとその間を結ぶ有向のエッジからなり，各ユニットには，そのユニットへの (一般には複数の) 入力を出力へと変換する関数である活性化関数が付随しています．また，各エッジには重みが付随しています．層状の構造をもち，隣接した 2 つの層の間にのみ有向エッジが存在し，そしてそれらのエッジの方向が 1 つの層からもう 1 つの層への一方向に限られている場合 (フィードフォワード型と呼びます)，そのニューラルネットワークを**多層パーセプトロン** (multi-layer perceptron;

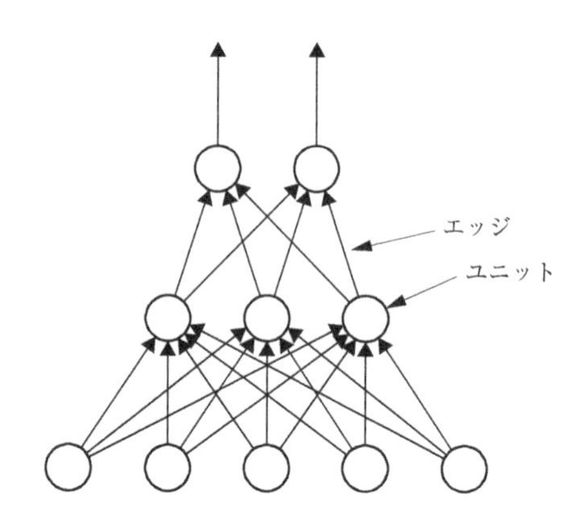

図 9.1 多層パーセプトロンの例

MLP) と呼びます．その例を図 9.1 に示します．MLP は比較的単純な構造をもち，また，深層学習でもしばしば用いられています．ここでは MLP を例にニューラルネットワークの基本的な概念を説明します．

今，第 1 層と第 2 層の 2 つの層から構成される MLP を考え，エッジの向きは第 1 層から第 2 層へ向いているとします．また，第 1 層の各ユニットからの出力が第 2 層のすべてのユニットへと入力されているとします．このような場合は特に全結合ネットワークと呼ばれます．第 1 層のユニット数を I，第 2 層のユニット数を J とし，第 1 層の各ユニットを $i = 1, \dots, I$ とし，第 2 層の各ユニットを $j = 1, \dots, J$ とします．このとき，ユニットの**活性化関数** (activation function) f を以下のように定義します．

$$y_j = f(u_j) \tag{9.1}$$

$$u_j = \sum_i^I w_{ij} x_i + b_j \tag{9.2}$$

ここで，x_i は第 1 層におけるユニット i の出力，y_j は第 2 層におけるユニット j の出力です．w_{ij} はユニット i からユニット j までのエッジに付随する実数で，しばしば**結合重み** (connection weight) と呼ばれます．b_j はバイアスと呼ばれる実数です．結合重みとバイアスは学習データを用いて推定されます．今後の説明を簡単にするために，ベクトルと行列による表記を導

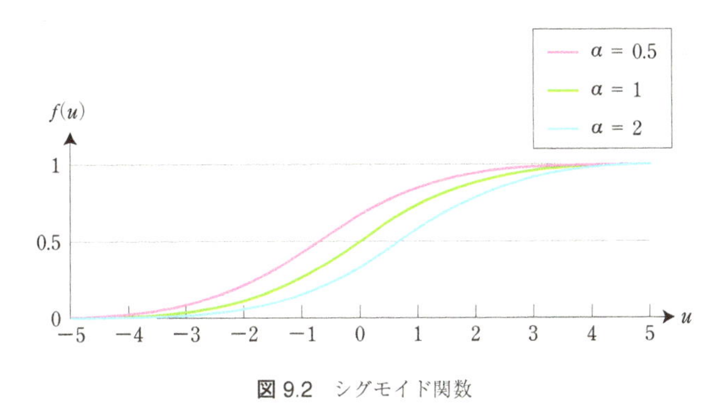

図 9.2 シグモイド関数

入します.

$$
\boldsymbol{x} = \begin{pmatrix} x_1 \\ \vdots \\ x_I \end{pmatrix}, \quad \boldsymbol{b} = \begin{pmatrix} b_1 \\ \vdots \\ b_J \end{pmatrix}, \quad \boldsymbol{u} = \begin{pmatrix} u_1 \\ \vdots \\ u_J \end{pmatrix}, \quad \boldsymbol{y} = \begin{pmatrix} y_1 \\ \vdots \\ y_J \end{pmatrix},
$$

$$
\mathbf{W} = \begin{pmatrix} w_{11} & \ldots & w_{1I} \\ \vdots & \ddots & \vdots \\ w_{J1} & \ldots & w_{JI} \end{pmatrix}, \quad \boldsymbol{f}(\boldsymbol{u}) = \begin{pmatrix} f(u_1) \\ \vdots \\ f(u_J) \end{pmatrix}
$$

すると，式 (9.1)，式 (9.2) は以下のように書けます.

$$
\begin{aligned}
\boldsymbol{y} &= \boldsymbol{f}(\boldsymbol{u}) \\
\boldsymbol{u} &= \mathbf{W}\boldsymbol{x} + \boldsymbol{b}
\end{aligned}
$$

活性化関数として，最もよく使われるのは以下の**シグモイド関数** (sigmoid function) です.

$$
f(u) = \frac{1}{1 + e^{-\alpha u}}
$$

ここで α はゲイン (gain) と呼ばれる実数です．定義域は $(-\infty, \infty)$，値域は $(0, 1)$ です．単調増加関数で，全区間で微分可能であることからよく用いられます．図 9.2 にシグモイド関数を図示します．$\alpha = 1$ とした場合，特に標準シグモイド関数と呼ばれます.

$$
f(u) = \frac{1}{1 + e^{-u}} \tag{9.3}
$$

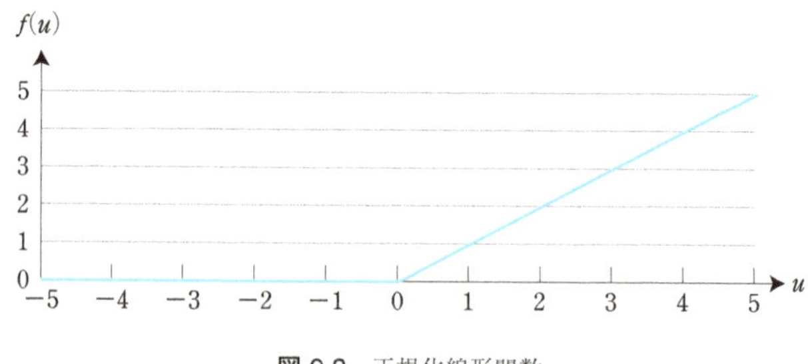

図 9.3 正規化線形関数

なお，**双曲線正接関数** (hyperbolic tangent function)

$$f(u) = \tanh(u)$$

もよく使われます．これは

$$\tanh(u) = \frac{2}{1+e^{-2u}} - 1$$

の関係式から，$\alpha = 2$ のシグモイド関数を用いるのと実質的に同じであることがわかります．

近年では，**正規化線形関数** (rectified linear function)

$$f(u) = \max(u, 0)$$

もよく使われます (図 9.3)．これは $f(u) = u$ の $u < 0$ の部分を $u = 0$ に置き換えたもので，シグモイド関数に比べ計算量が少なくなります．また，$u > 0$ で常に勾配が 1 なので勾配消失が起こらないという利点があります．しばしばこの関数をもつユニットは**正規化線形素子** (rectified linear unit; ReLU) と呼ばれます．以下，特に断らない限り，活性化関数としては標準シグモイド関数を用いることにします．

今，D 次元の特徴ベクトル $\boldsymbol{x} = (x_1, ..., x_D)^\top$ を入力とし，MLP を用いて，K クラス，$C_1, \ldots, C_K$ の識別をすることを考えます (図 9.4)．ここで $\top$ は転置を表す記号です．MLP の層数を L とし，入力層を第 1 層，第 L 層を出力層とします．その間，第 2 層から第 $L-1$ 層は中間層，もしくは，隠れ層と呼ばれます．ここで第 l 層のユニット数を $I^{(l)}$ と表し，その各々のユニット $i^{(l)}$ $(i^{(l)} = 1, \ldots, I^{(l)})$ の出力を $z_i^{(l)}$ とします．ベクトル表記では層 l

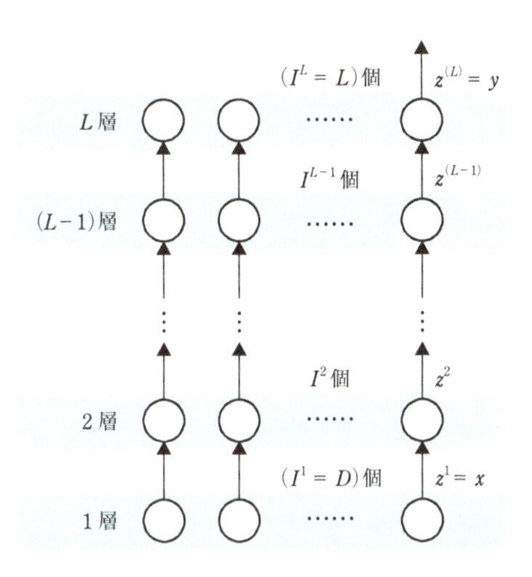

図 9.4 多層パーセプトロンの例．見やすさのため大部分のエッジを省略しています．

の出力は $\boldsymbol{z}^{(l)}$ と書くことにします．このとき，入力層のユニット数は入力特徴量の次元数と等しい，すなわち，$I^{(1)} = D, \boldsymbol{z}^{(1)} = \boldsymbol{x}$ です．また，出力層 L の出力 $\boldsymbol{z}^{(L)}$ を特に $\boldsymbol{y}$ と書きます．すなわち，

$$\boldsymbol{y} = \boldsymbol{z}^{(L)}$$

$\boldsymbol{y}$ はこの MLP の出力です．その次元はクラス数に等しく，また各々の出力 y_k，$k = 1, \ldots, K$ は入力 $\boldsymbol{x}$ を観測したときにそれがクラス C_k に属する確率 (事後確率) とみなされます．すなわち，

$$y_k = p(C_k|\boldsymbol{x}),\ k = 1, \ldots, K$$

です．ここで，出力は必ずいずれかのクラスに属するので，

$$\sum_{k=1}^{K} y_k = \sum_{k=1}^{K} p(C_k|\boldsymbol{x}) = 1 \tag{9.4}$$

です．

第 $l-1$ 層目の各ユニットの出力を入力として，第 l 層目の出力が以下のように計算されます．ここで，$l = 2, \ldots, L-1$ です．

$$\boldsymbol{u}^{(l)} = \mathbf{W}^{(l)}\boldsymbol{z}^{(l-1)} + \boldsymbol{b}^{(l)} \tag{9.5}$$

$$\boldsymbol{z}^{(l)} = \boldsymbol{f}(\boldsymbol{u}^{(l)}) \tag{9.6}$$

ここで $\mathbf{W}^{(l)}$ は第 $(l-1)$ 層目と第 l 層目の間の結合重み行列，$\boldsymbol{b}^{(l)}$ はそのバイアスです．また，出力層 L の各ユニットの出力 y_k は以下の**ソフトマックス関数** (softmax function) で与えられます．

$$y_k = \frac{\exp(u_k^{(L)})}{\sum_{j=1}^{K} \exp(u_j^{(L)})}$$

この y_k が式 (9.4) を満たすことを確認してください．

9.2 誤差逆伝播法

前節でニューラルネットワークについて，MLP を例にとり説明しました．ここでは，続いて MLP の学習方法を説明します．

今，特徴ベクトル $\boldsymbol{x}$ とそれに対応する教師信号を表現する $\boldsymbol{d}$ の組が N 個あるとし，それら各々を $(\boldsymbol{x}_1, \boldsymbol{d}_1), \ldots, (\boldsymbol{x}_N, \boldsymbol{d}_N)$ とします．この集合を訓練データと呼びます．ここで $\boldsymbol{d}_n = (d_{n1}, \ldots, d_{nK})^\top$ は 0 と 1 の 2 値のいずれかから成る K 次元のベクトルで，$\boldsymbol{x}_n$ の属する真のクラスに対応する要素のみが 1，それ以外が 0 の値をとります．$\boldsymbol{x}_n$ を観測したとき，それが正しいクラスに属している確率 (事後確率) $p(\boldsymbol{d}_n|\boldsymbol{x}_n)$ は，

$$p(\boldsymbol{d}_n|\boldsymbol{x}_n) = \prod_{k=1}^{K} p(C_k|\boldsymbol{x}_n)^{d_{nk}} = \prod_{k=1}^{K} y_{nk}^{d_{nk}}$$

で与えられます．ここで，y_{nk} は入力 $\boldsymbol{x}_n$ に対するこの MLP の出力 $\boldsymbol{y}_n$ の第 k 成分です．

今，この事後確率のすべての $\boldsymbol{x}$ と $\boldsymbol{d}$ の組についての積をとります．

$$L(\boldsymbol{\theta}) = \prod_{n=1}^{N} p(\boldsymbol{d}_n|\boldsymbol{x}_n, \boldsymbol{\theta}) = \prod_{n=1}^{N}\prod_{k=1}^{K} p(C_k|\boldsymbol{x}_n, \boldsymbol{\theta})^{d_{nk}}$$

ここで，確率分布 $p(\boldsymbol{d}_n|\boldsymbol{x}_n)$ のパラメータ $\boldsymbol{\theta}$ を陽に書き加えました．$\boldsymbol{\theta}$ はニューラルネットワークのすべての重み係数とバイアスの集合です．この式

は，見方を変えると訓練データが与えられたときの，$\boldsymbol{\theta}$ の関数です．その意味でこの $L(\boldsymbol{\theta})$ は $\boldsymbol{\theta}$ の尤度関数です．MLP の学習では，この L の値を最大とする $\boldsymbol{\theta}$ を推定します．

今，$L(\boldsymbol{\theta})$ の対数をとり，符号を逆転すると以下のようになります．

$$E(\boldsymbol{\theta}) = -\sum_{n=1}^{N}\sum_{k=1}^{K} d_{nk}\log p(C_k|\boldsymbol{x}_n, \boldsymbol{\theta}) = -\sum_{n=1}^{N}\sum_{k=1}^{K} d_{nk}\log y_{nk}(\boldsymbol{\theta})$$

この関数は**交差エントロピー** (cross entropy) と呼ばれます．これは出力と教師信号との間の違いを表現していることから誤差関数とも呼ばれます．

ニューラルネットワークの学習では，誤差関数 $E(\boldsymbol{\theta})$ を小さくする $\boldsymbol{\theta}$ を推定します．これは解析的に求めることができません．多くの場合，**誤差逆伝播法** (back propagation) 法を用いて，局所的最適解を求めます．これは，**確率的勾配降下法** (stochastic gradient decent; SGD) [83] を層ごとに適用する方法です．

SGD では，最初にパラメータ $\boldsymbol{\theta}$ の初期値を適当な方法で与えた後，入力サンプル n ごとに，誤差関数 $E_n(\boldsymbol{\theta})$

$$E_n = -\sum_{k=1}^{K} d_{nk}\log y_{nk} \tag{9.7}$$

の勾配 ∇E_n を求めます．

$$\nabla E_n \equiv \frac{\partial E_n}{\partial \boldsymbol{\theta}} = \left[\frac{\partial E_n}{\partial \theta_1}, \ldots, \frac{\partial E_n}{\partial \theta_M}\right]^\top$$

ここで M は推定すべきパラメータ (結合重みとバイアス) の総数です．そして，現在のパラメータを，E_n が減少する方向に少しだけ動かします．動かす前のパラメータを $\boldsymbol{\theta}^t$, 後のパラメータを $\boldsymbol{\theta}^{t+1}$ とすると，

$$\boldsymbol{\theta}^{t+1} = \boldsymbol{\theta}^t - \epsilon\nabla E_n \tag{9.8}$$

ここで ϵ は更新の大きさを表す定数で，学習係数 (learning rate) と呼ばれます．この手続きをすべての入力サンプルに対し繰り返します．さらに，その全体を複数回繰り返します．繰り返しごとに誤差関数の値をモニタし，その減少の速度が十分小さくなった時点で停止します．

SGD ではパラメータ θ の更新に，それによる誤差関数の偏微分 $\partial E_n/\partial\theta$

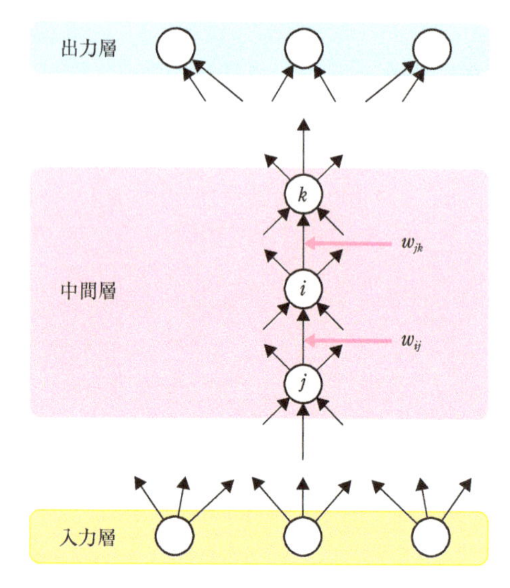

図 9.5　ニューラルネットワークの例．誤差逆伝播法の説明のために用いる．

を計算する必要があります．これはニューラルネットワークの階層の下層に行くに従い，求めるのが難しくなります．誤差逆伝播法はこの問題を解決する方法です．具体的には，各ユニット j における入力 u_j に対する勾配 $\partial E_n/\partial u_j$ を出力層から入力層の方向へと逆方向に伝播していき，この勾配を用いて各ユニットのパラメータを更新します．

パラメータ $\boldsymbol{\theta}$ は全層 $l = 1, \ldots, L$ にわたる結合重み $\mathbf{W}^{(l)}$ とバイアス $\boldsymbol{b}^{(l)}$ の集合でした．ここから先の説明を簡単にするために，各層 l にいつでも 1 を出力する第 0 ユニットを付け加え，そのユニットからの結合重みについて $w_{0j}^{(l)} = b_j^{(l)}$ とします．これでバイアスについては結合重みに含まれるとして議論することができます．

以下，図 9.5 に沿って説明します．中間層において 3 つの連続した層 $l-1$, l, $l+1$ を考え，簡単のために添え字で層を区別することにします．すなわち，第 $(l-1)$ 層のユニットには i，第 l 層のユニットには j，第 $(l+1)$ 層のユニットには k の添え字を振り，$\mathbf{W}^{(l)}$ の各々の成分を w_{ij}，$\mathbf{W}^{(l+1)}$ の各々の成分を w_{jk} と表すことにします．

ここで w_{ij} を式 (9.8) を用いて更新することを考えます．すなわち，

$$w_{ij}^{t+1} = w_{ij}^{t} - \epsilon \frac{\partial E_n}{\partial w_{ij}} \tag{9.9}$$

を用いて更新します．そのためには $\partial E_n / \partial w_{ij}$ を求めなければなりません．これは，

$$\frac{\partial E_n}{\partial w_{ij}} = \frac{\partial E_n}{\partial u_j} \frac{\partial u_j}{\partial w_{ij}} \tag{9.10}$$

と書くことができ，式 (9.5) より ($\boldsymbol{b}$ はすでに $\mathbf{W}$ に含まれていることに注意してください)，

$$\frac{\partial u_j}{\partial w_{ij}} = z_i$$

です．誤差関数 E_n の u_j に対する勾配をデルタと呼び，δ_j と書くことにします．これらより，式 (9.10) は，

$$\frac{\partial E_n}{\partial w_{ij}} = \delta_j z_i \tag{9.11}$$

となります．

この δ_j が求まれば，式 (9.11) が計算できます．そのために，さらにその上の階層との関係に注目しましょう．δ_j はユニット j の出力 z_j を用いて以下のように展開することができます．

$$\delta_j = \frac{\partial E_n}{\partial u_j} = \frac{\partial E_n}{\partial z_j} \frac{\partial z_j}{\partial u_j} \tag{9.12}$$

ここで，式 (9.6) より，

$$\frac{\partial z_j}{\partial u_j} = f'(u_j)$$

書けます．ここで $'$ は微分を表す記号です．もし，活性化関数 f として，式 (9.3) の標準シグモイド関数を用いると，

$$f'(u_j) = z_j(1 - z_j)$$

となります．また，

$$\frac{\partial E_n}{\partial z_j} = \sum_k \frac{\partial E_n}{\partial u_k} \frac{\partial u_k}{\partial z_j} = \sum_k \delta_k w_{jk}$$

ですから，式 (9.12) は以下のように書けます．

$$\delta_j = f'(u_j) \sum_k \delta_k w_{jk} \tag{9.13}$$

すなわち，w_{ij} の更新に必要なデルタ δ_j は，そのすぐ上の層の各ユニットのデルタ δ_k がわかれば求まります．つまり，識別の処理とは逆方向，上の層から下の層に向けて順番にデルタを計算していくと，全部の結合重みを更新することができます．これが誤差逆伝播の具体的な処理です．

最後に，誤差逆伝播の出発点，つまり，出力層におけるデルタの計算をしましょう．式 (9.7) は，以下のように書けます．

$$E = -\sum_{k=1}^{K} d_k \log y_k = -\sum_{k=1}^{K} d_k \log \left(\frac{\exp(u_k^{(L)})}{\sum_i \exp(u_i^{(L)})} \right)$$

ここで添え字 n を省略しました．そこから出力層のユニット j に関するデルタ $\delta_j^{(L)}$ は以下のように計算されます．

$$\begin{aligned} \delta_j^{(L)} &= -\sum_k d_k \frac{1}{y_k} \frac{\partial y_k}{\partial u_i^{(L)}} \\ &= \sum_k d_k y_j - d_j \\ &= y_j - d_j \end{aligned} \tag{9.14}$$

ここで，$\sum_k d_k = 1$ を用いました．

誤差逆伝播法のアルゴリズムを以下にまとめます．

1. 結合重みとバイアスの初期値 w_{ij}^0 を適当に与える．
2. $t = 0, 1, \ldots,$ について，以下の処理を行う．
   (a) 入力と教師信号の組 $(\boldsymbol{x}_n, \boldsymbol{d}_n)$ $(n = 1, \ldots, N)$ について以下の処理を行う．
      i. 入力 $\boldsymbol{x}_n$ を MLP に入力し，$l = 1, \ldots, L$ の順に各ユニットへの入力 u_j^l と出力 z_j^l を求め，MLP の出力を $y_j = z_j^{(L)}$ とする．
      ii. 式 (9.14) に従い，出力層のデルタ $\delta_j^{(L)}$ を求める．
      iii. 式 (9.13) に従い，$l = L-1, \ldots, 1$ の順に第 l 層の $\delta_j^{(l)}$ を求

める．

iv. 式 (9.9) と式 (9.11) により，w_{ij}^{t+1} を求める．

(b) $t = t + 1$ とする．

学習の反復 $t = 0, 1, \ldots$ をいつ止めるかは難しい問題で，さまざまな経験的な方法があります．しばしば，望ましくない局所的最適解に陥るのを防ぐために，予測誤差の値を用います．具体的には，あらかじめ学習データに含まれない別のデータを用意し，学習の各々の反復 $t = 1, \ldots$ において，そのデータにおける誤差 (予測誤差) を計算し，それを用いて停止するかどうかを判断します．

なお，学習を安定かつ高速に進めるために，ミニバッチの使用，ドロップアウト，早期終了などの技術が用いられます．これらの詳細については参考文献[78] を参照してください．

9.3 ニューラルネットワークによる音声認識

ニューラルネットワークによる音声認識の研究は，深層学習が登場する前から数多く行われてきました．特に，1980 年代末にラメルハート (Rumelhart) により誤差逆伝播法が再発見されたこと[57] をきっかけに起きた第 2 次のニューラルネットワークブームの中で，音声認識への応用がいくつか発表されています．ここでは，その中でも代表的なものとして，時間遅れニューラルネットワーク，再帰型ニューラルネットワーク，HMM-MLP ハイブリッド認識の 3 つを取り上げて説明します．これらは当時は主流にはなれませんでしたが，深層学習を用いた音声認識の基礎となっている手法です．また，深層学習を用いた音声認識においてしばしば用いられる，畳み込みニューラルネットワークも紹介します．この手法は，主に手書き文字認識で長く用いられてきました．

9.3.1 時間遅れニューラルネットワーク

時間遅れニューラルネットワーク (time-delay neural network; TDNN) は，1989 年にワイベル (Waibel) らにより提案されました[73]．TDNN は，複数時刻の音声フレームをまとめて入力する，フィードフォワード型の MLP

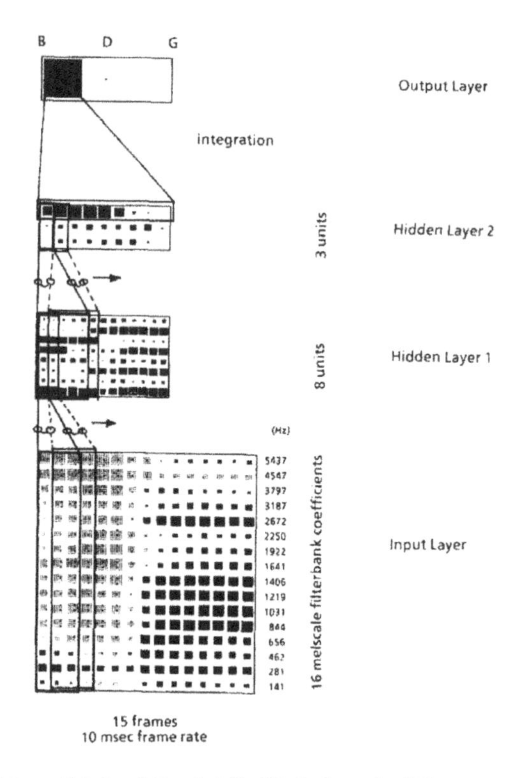

図 9.6 時間遅れニューラルネットワークの例．Waibel et al., "Phoneme recognition using time-delay neural networks", *IEEE Transactions on Acoustics, Speech, and Signal Processing*, vol. 37, no. 3, p. 330, Fig. 2, 1989 より転載．

です．ある音声フレームの特徴量を計算してから，それをニューラルネットワークに入力するまでに遅れがあるため，この名前が付けられています．この論文では，TDNN は英語の音素認識で評価されています．音素認識の中で特に誤認識が多い有声破裂音，/b/,/d/,/g/の 3 音素を識別の対象としています．そのために用いられた TDNN の構造を図 9.6 に示します．以下，この図に沿って説明していきます．

まず，あらかじめ音声から固定長 (150 ms) のデータを目視で切り出し，フレーム周期 10 ms で音声分析を行います．つまり，音声サンプルのフレーム数は常に 15 フレームです．この 150 ms という長さは，音素の平均的な継続時間長に相当しています．各音声フレームを分析し，16 次元のメルフィルタバンクの出力を求めます．結果として，これらを画素値とした，時間軸方向に 15 個，周波数軸方向に 16 個の画素をもつ 2 次元平面が形成されます．

図 9.6 に示すように，TDNN は 4 層の構造をもっています．第 1 層 (入力層) は，時間軸方向に 3 フレーム，周波数軸方向には 16 次元の全要素をとった細長い矩形窓の要素，計 48 次元のフィルタバンク出力を入力とし，その出力ユニット数は 8 です．第 2 層は，時間軸方向に 5 フレーム，周波数軸方向に第 1 層の出力ユニット数と等しい 8 要素，計 40 次元の入力をもち，その出力ユニット数は 3 です．第 3 層は，時間軸方向に 9 フレーム，周波数軸方向に第 1 層の出力ユニット数と等しい 3 要素，計 27 次元の入力をもち，その出力ユニット数は 3 です．第 4 層 (出力層) は，3 ユニットをもち，それぞれが識別すべきクラスである 3 音素に対応しています．第 1 層から第 3 層までの各層は，入力を時間軸方向に 1 フレームずつシフトしながら，その出力を上の層に送ります．音声の前後にすべての要素がゼロのベクトルを付加するゼロパディング (9.3.5 項を参照) は行わないので，第 1 層は 13 回のシフト，第 2 層は 9 回のシフトを行います．あるフレームを初めて入力してから，それに対応する第 1 層の出力は 2 フレーム分遅れます．第 2 層の出力はそこからさらに 4 フレーム分遅れ，第 3 層への入力は計 6 フレーム分遅れます．

TDNN は，2 次元スペクトログラム画像を入力とし，2 段階のフィルタをもつ畳み込みニューラルネットワーク (convolutional neural network; CNN) の 1 つとみなすことができます．違いは，フィルタのシフトが 1 方向 (時間軸方向) に限られる点です．CNN については 9.3.5 項で説明します．

TDNN はこの 3 音素の識別実験において，98.5%の識別率でした．これは当時の HMM の識別率 93.7%を大きく上回っています．この方法は，ネットワークの学習のためにあらかじめ人手で切り出された音素のデータサンプルを必要とし，また，方式を連続音素認識へ拡張することが困難だったので，当時は実用性がなく主流の方法とはなりませんでした．近年では見直され，特徴抽出器として，後に述べる**深層ニューラルネットワーク** (deep neural network; DNN) の下層に使う例[51] があります．

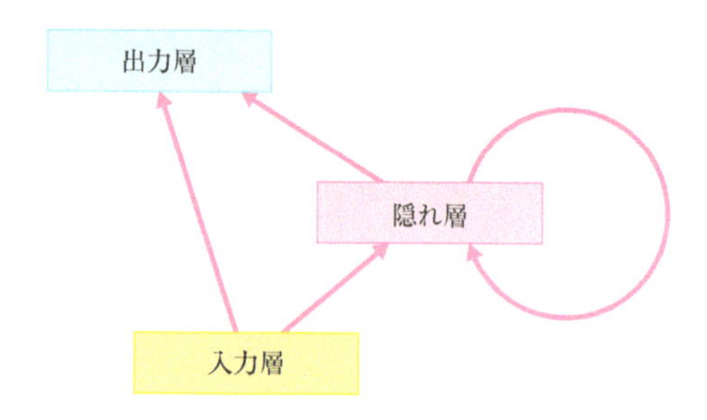

図 9.7 再帰型ニューラルネットワークの例．Robinson (1989)[56] において用いられました．

9.3.2 再帰型ニューラルネットワーク

音声は時系列信号であり，フレームごとの特徴ベクトルで表現されます．そして，隣接する音声フレームの間には強い相関があります．2.2.4 節で説明したデルタケプストラムやこのすぐ後に述べる MLP を用いた方法ではある幅の窓内の複数フレームを入力することでこの相関をモデル化しています．しかし，これらの方法では特徴ベクトルは HMM の各状態の特徴を表現するものである必要があり，窓幅をある程度まで小さくせざるを得ず，音素や単語の長さ程度のより長時間にわたる相関を表現できません．一方で HMM はそのような相関をモデル化するために用いられますが，これはある単語や文 W が与えられたときに入力音声 X がそこから生成される確率 $P(X|W)$ を計算する生成モデルです．音声認識のためには直接に式 (4.2) の $P(W|X)$ を求める識別モデルのほうがより好ましいと考えられます．

このような動機のもと，1989 年にロビンソン (Robinson) らにより，時系列に対する識別モデルである，**再帰型ニューラルネットワーク** (recurrent neural network; RNN) が音声認識に適用されました[56]．RNN とは，あるユニット間に有向な閉路 (ループ) をもつニューラルネットワークの総称です．この論文で用いられた構造を図 9.7 に示します．

このネットワークは I 個のユニットから構成される入力層と，M 個のユニットから構成される隠れ層と，J 個のユニットから構成される出力層からなります，時刻 t において，隠れ層の各々のユニットは同じ時刻 t の入力層からの I 個の出力と，直前の時刻 $t-1$ における隠れ層自身の M 個の出力，併せて $I+M$ 個を入力とします．出力層の各々のユニットは，入力層から

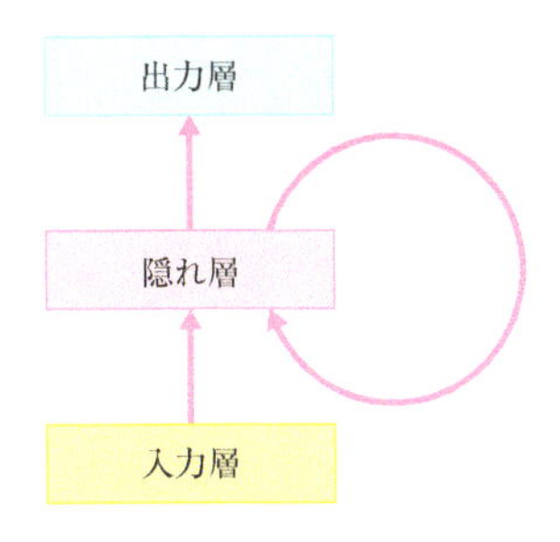

図 9.8 エルマン型の再帰型ニューラルネットワーク．

の I 個の出力と，隠れ層から M 個の出力，併せて，$I+M$ 個を入力とします．ここで隠れ層のユニットにおいて有向な閉路があることがわかります．

現在では，より簡単な構造をもつ**エルマン (Elman) 型 RNN** が多く用いられます．その構造を図 9.8 に示します．このネットワークも入力層，隠れ層，出力層からなりますが，入力層と出力層の間には結合がありません．ここから先の説明は，このエルマン型 RNN について行います．

ある時刻 t における入力特徴ベクトルを $\boldsymbol{x}_t = (x_{t1}, \ldots, x_{tI})^\top$，出力クラス数の次元をもつ出力ベクトルを $\boldsymbol{y}_t = (y_{t1}, \ldots, y_{tJ})^\top$，隠れ層からの出力を $\boldsymbol{z}_t = (z_{t1}, \ldots, y_{tM})^\top$ とします．隠れ層の各ユニットへの入力は同じ時刻 t の入力特徴ベクトル $\boldsymbol{x}_t$ とその直前の時刻の隠れ層からの出力 $\boldsymbol{z}_{t-1}$ です．すると，入力から出力を求める計算は以下のようになります．

$$
\begin{aligned}
\boldsymbol{z}_t &= f(\mathbf{W}^{\mathrm{i}}\boldsymbol{x}_t + \mathbf{W}^{\mathrm{h}}\boldsymbol{z}_{t-1}) \\
\boldsymbol{y}_t &= f(\mathbf{W}^{\mathrm{o}}\boldsymbol{z}_t)
\end{aligned}
$$

ここで，$\mathbf{W}^{\mathrm{i}}$ は，入力層と隠れ層の間の $M \times I$ の結合重み行列，$\mathbf{W}^{\mathrm{h}}$ は前の時刻の隠れ層の現在の隠れ層との間の $M \times M$ の結合重み行列，$\mathbf{W}^{\mathrm{o}}$ は隠れ層と出力層の間の $J \times I$ の結合重み行列です．ここで，i は入力 (input) 層，h は隠れ (hidden) 層，o は出力 (out) 層の意味です．$\boldsymbol{z}_0 = \mathbf{0}$ と置き，$t=1$ から t を 1 ずつ増分しながら上式の計算を繰り返して全時刻の出力を求めます．RNN では，ある時刻の出力は過去のすべての時刻の入力に依存しています．

学習では**通時的誤差逆伝搬法** (back propagation through time; BPTT) [55]

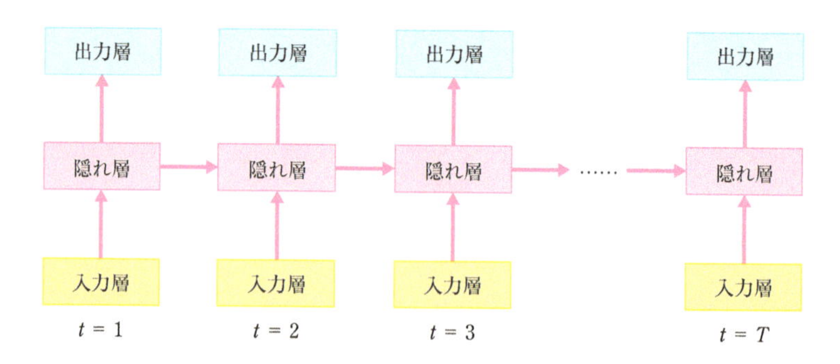

図 9.9 エルマン型 RNN を時間軸方向に展開.

を用います．今，エルマン型 RNN を時間軸方向に展開した図を図 9.9 に示します．この図から，RNN は，時間方向のフレーム数 T に比例した深さをもつ，つまり，とても多くの層をもつ MLP であると捉えることが可能であることがわかります．BPTT ではこのように RNN を多層な MLP に展開してそこで誤差逆伝播法による学習を行います．なお，音声では 1 秒の長さで $T = 100$ (フレーム)，つまり，100 層のネットワークとなり，その学習が難しくなります．このような場合は音声を適当な長さの単位で区切り，それを用いて学習をする，という手続きを繰り返します．通常の MLP と比べより階層の多いニューラルネットワークなので，学習においては収束が遅く，したがって，より多くの計算時間が必要です．

ロビンソンらは連続音素認識で RNN の性能を評価しました．用いたのは図 9.7 に示す RNN です．630 名の話者が各自 10 文ずつ発声した 6300 発声を，学習と評価に分けて実験をしています．各々の発声には音素とその境界の位置のラベルが付与されています．音声を 32 ms の窓幅，16 ms の周期で切り出し，それに対し高速フーリエ変換 (FFT) をして得られた 20 次元のフィルタバンク出力を入力とし，音素 61 種類に対応する 61 ユニットの出力層を用意しています．また，隠れ層のユニット数は 192 でした．フレームごとにそれに対応する音素を 1，それ以外をゼロとしたベクトルを教師信号として与えて学習をしています．連続音素の発声に対し，3.1.4 項で説明した単語正解精度において単位を単語から音素に置き換えた，音素正解精度を用いて評価し，69.8%の音素正解精度を得ています．HMM を用いた場合とほ

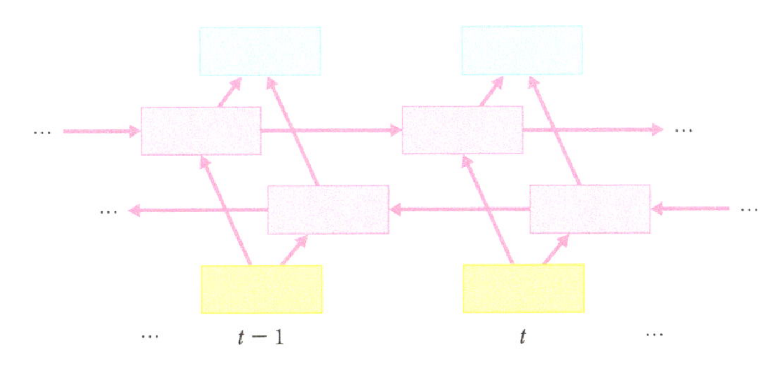

図 9.10 双方向 RNN

ぼ同等の性能です.

その後，1997 年にシュスター (Schuster) らが，**双方向 RNN** (bidirectional recurrent neural network; BRNN) を提案しています[61]．これは，時間軸の順方向に隠れ層が結合する通常の RNN と，それとは逆方向に隠れ層が結合する RNN とを合成したものです．その構造を図 9.10 に示します．この RNN では各フレームの時間軸方向の依存関係とともに，その逆方向の依存関係もモデル化しています．学習は BPTT 法を用いますが，順方向の依存関係をモデル化する隠れ層と，逆方向の依存関係をモデル化する隠れ層が独立のため，通常の RNN の学習とほぼ変わりません．すなわち，音声をある長さの区間に区切って，順方向と逆方向で独立に誤差を伝播し，その後，まとめた誤差を用いて結合重みを更新します．発声がいったん終了しないと処理ができないため実時間性は失われますが，順方向のみの RNN に比べ，認識性能は高くなります．

これらの RNN を用いた手法は，HMM を用いた手法と比べるとより多くの計算とデータを必要とします．そのため，この当時の計算機資源では大語彙音声認識への応用は困難でした．

9.3.3 HMM-MLP ハイブリッド認識

1994 年にブーラード (Bourlard) とモーガン (Morgan) がニューラルネットワークと HMM を融合した **HMM-MLP ハイブリッド認識** (HMM-MLP hybrid recognition) を提案しました[7]．これは，HMM の各状態の出力確率

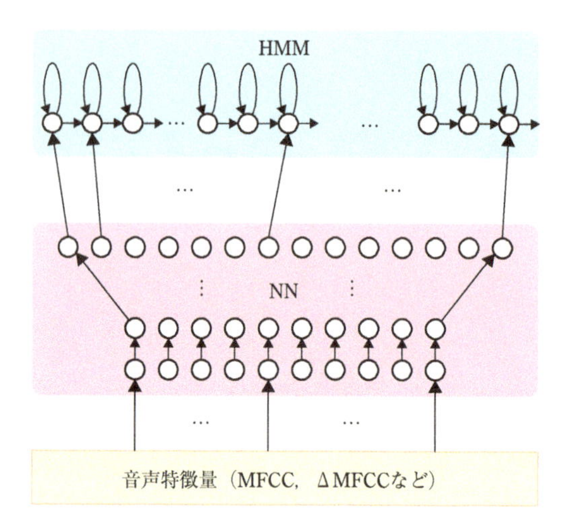

図 9.11 HMM-MLP ハイブリッド認識

分布として，GMM の代わりに MLP の出力を用いる方法です．図 9.11 にその構造を示します．

この MLP の入力層は入力特徴ベクトルの次元と同じユニット数をもちます．しばしば前後のフレームの特徴ベクトルも併せて入力されます．これは，2.2.4 項で説明した差分特徴量の代わりに MLP を用いて音声における動的な特徴を (非明示的に) 抽出することを狙っています．入力層は HMM のすべての状態数と同じ数のユニットをもち，各々のユニットが 1 つの状態に対応しています．この MLP の学習の手順においては，まず，GMM を出力確率分布として用いた HMM (GMM-HMM) によって，音声データの各フレームと状態との対応付けを行います．4.5.2 項で説明したビタービアルゴリズムを用います．そして，音声の各フレームに対し，対応する状態の要素が 1，それ以外の状態の要素が 0 の教師信号を用いて MLP の学習を行います．

第 4 章で述べたように，HMM の出力確率は状態 s から特徴 $\boldsymbol{x}$ が出力される確率 $p(\boldsymbol{x}|s)$ です．一方，MLP は識別器であり，各出力ユニットの出力は入力の特徴ベクトル $\boldsymbol{x}$ が，そのユニットに対応する状態 s に属する事後確率 $p(s|\boldsymbol{x})$ ですので，そのままでは使えません．そこで MLP の各ユニットの出

力をベイズの定理を用いて変換します.

$$p(\boldsymbol{x}|s) = \frac{p(s|\boldsymbol{x})p(\boldsymbol{x})}{p(s)} \propto \frac{p(s|\boldsymbol{x})}{p(s)}$$

ここで，状態の事前確率 $p(s)$ は，一般に学習データ中に状態 s が出現する頻度から求めます．また，$p(\boldsymbol{x})$ はどの認識仮説に対しても同じ値をとるので無視できます．このようにして得られた $p(\boldsymbol{x}|s)$ を HMM の出力確率として使います.

ブーラードらは，DARPA*1 プロジェクトの Resource Management タスク[53] を用いて，この手法の評価をしています．このタスクの難易度はほぼ離散 1000 単語認識と同じです．環境非依存の音素 (monophone) を認識単位としています．特徴量として，MFCC 13 次元とその一次差分 13 次元の計 26 次元を用い，MLP の入力層は前後 4 フレームを合わせた 9 フレームで全 234 ユニット，隠れ層は 1 層で 512 ユニット，出力層は英語の環境非依存の音素で 69 ユニットでした．結果として，GMM-HMM に比べ 4 割ほど誤りを削減しています．しかしながら，環境依存音素のトライフォンを用いた GMM-HMM の性能には及びませんでした．この当時は，より大規模な MLP を構築するための学習データと計算資源がなく，これ以上発展しませんでした.

また，2000 年にヘルマンスキー (Hermansky) らは，HMM-MLP ハイブリッド法とは別の，MLP を用いた音声認識方式を提案しました[28]．この方法では，前述のハイブリッド法と同じ MLP を用いていますが，その出力を HMM の出力確率に変換するのではなく，GMM-HMM への入力特徴として用います．つまり MFCC などの特徴量の代わりに，MLP により得られた音素の事後確率 69 次元を GMM-HMM への入力特徴として用います．この方法は，**タンデム法** (tandem approach) と呼ばれます．タンデム (tandem) はもともと前後に (直列に) 2 頭の馬をつないだ馬車の意味です．GMM-HMM の前に MLP を前置する形で，認識器を直列に接続していることからこのような名前が付けられました．HMM-MLP ハイブリッド法とほぼ同等の認識性能です.

---

*1 Defense Advanced Research Projects Agency (アメリカ国防高等研究計画局).

9.3.4 ニューラルネットワークによる音声認識の限界

ここまで，深層学習のブームが起きる以前の，1980年代末から2000年頃までに提案されたニューラルネットワークによる音声認識手法について，代表的なものを解説しました．これらの手法は限られた条件下で認識性能を向上させたものの，主流にはなりませんでした．背景となる大きな理由としては，すでに述べたように，当時の計算機資源やデータの規模が小さく，ニューラルネットワーク手法が性能を十分に発揮できる条件ではなかったことがあります．

また，方式の面でもいくつかの課題が未解決でした．まず，隠れ層を増やしていくと，誤差伝播アルゴリズムによる重み係数の更新において，下の層に行くに従い伝播される誤差が小さくなり，したがって，重み係数の更新がされなくなるという，**勾配消失** (vanishing gradient) の問題が起きます．したがって，多層のニューラルネットワークの学習を安定して行うことが困難でした．また，隠れ層が1層のみでもそのユニット数を増やせば原理的には任意の連続関数を表現できる，という理論的な成果があり，隠れ層の数を増やそうという動機があまりありませんでした．さらに，隠れ層が1層のネットワークの場合，重み係数の初期化の方法がその性能に大きく影響しますが，その方法は経験的なものが多く，また，応用によっても有効性が異なり，安定した性能向上を得ることが困難でした．

9.3.5 畳み込みニューラルネットワーク

畳み込みニューラルネットワーク (convolutional neural network; CNN) は広い意味でMLPの1つですが，層の間のユニットの結合が全結合ではなく，また，結合重みが複数のエッジで共有されています．周波数解析などで用いられる畳み込み演算を行うのでこの名前が付けられています．1989年にルカン (LeCun) らが手書き文字認識に対し適用し，高い性能をもつことを示しました[39]．音声への本格的な応用は近年の深層学習ブームが始まってからですが，その説明のための準備を兼ねてここで紹介します．

今，図9.12に示すように，縦方向に A 画素，横に B 画素の画素からなる，2次元の画像を考え，(i, j) の位置にある画素の画素値を $x_{i,j}$ とします．今，画像中の任意の位置の $P \times Q$ の矩形領域を考え，これを窓と呼びます．ここで，$P \leq A$，$Q \leq B$ です．任意の位置 (i, j) を起点とした窓に属するユ

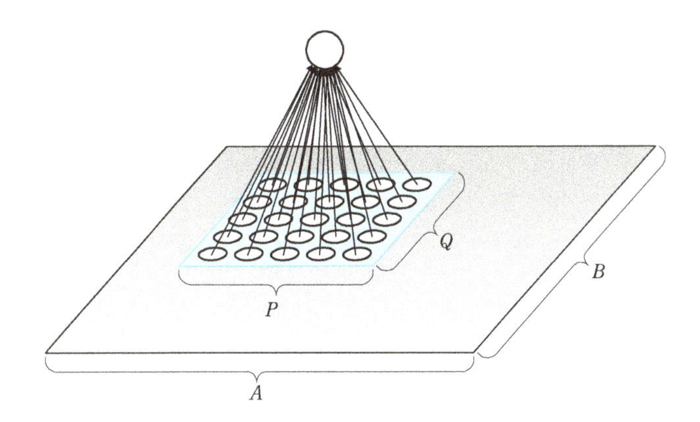

図 9.12 畳み込みニューラルネットワークのフィルタの例．$P = Q = 5$ の場合．

ニットからの出力 (画素値) を入力とし，1 つの出力ユニットをもつ，以下の単層ニューラルネットワークを定義します．

$$
\begin{aligned}
u_{ij} &= \sum_{p=0}^{P-1} \sum_{q=0}^{Q-1} w_{pq} x_{i+p,j+q} + b \\
y_{ij} &= f(u_{ij})
\end{aligned}
$$

このニューラルネットワークを，信号からある特徴を抽出するフィルタ (ろ過器) という役割から，フィルタと呼びます．w_{pq} と b はフィルタのパラメータで学習データから推定されます．このフィルタは主に周波数解析のために用いられる畳み込み積分と実質的に同等の処理をします．これが畳み込みニューラルネットワークと呼ばれる理由です．なお，通常，フィルタは複数用意します．これらは，誤差逆伝播法による学習の過程で，異なる結合重みをもつ，すなわち，違う特徴を抽出するフィルタになります．

$A \times B$ の画像内において，このフィルタをある一定の画素数 d の幅だけ，縦あるいは横方向にずらしながら，出力値を求める手続きを繰り返します．この幅を**ストライド** (stride) と呼びます．そうすると，$\lfloor A/d \rfloor \times \lfloor B/d \rfloor$ の数の出力が得られます．ここで $\lfloor \cdot \rfloor$ は小数点以下の切り捨てを行う床関数です．窓が画像からはみ出してしまう場合は，画像外の画素値はゼロとして扱います．これを**ゼロパディング** (zero padding) と呼びます．

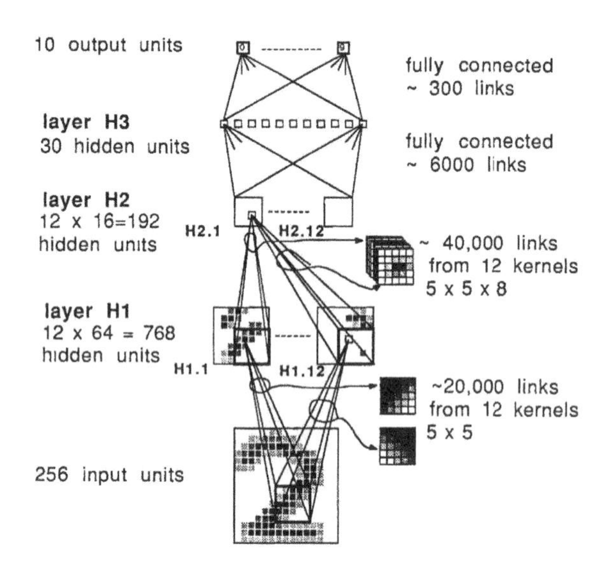

図 9.13 手書き文字認識のための CNN の例. LeCun et al., "Backpropagation applied to handwritten zip code recognition", *Neural Computation*, vol. 1, pp. 541–551, Fig. 3, 1989 より転載.

ここでは，サイズ $P \times Q$ のフィルタを $A \times B$ の大きさの 2 次元画像の上で d ずつスライドさせて $\lfloor A/d \rfloor \times \lfloor B/d \rfloor$ 個の出力を求める，という説明をしました．別の見方として，入力層が $A \times B$ 個，出力層が $\lfloor A/d \rfloor \times \lfloor B/d \rfloor$ 個のユニットをもち，出力層の各々のユニットは，入力層のユニットのうち，それに対応するフィルタの窓内のユニットとのみ結合して結合重みをもち (つまりそれ以外のユニットとの結合重みはゼロ)，また，対応するフィルタのパラメータを，すべての出力層のユニットで共有している，ということもできます．フィルタの個数を K 個とすると，出力層のユニット数は $\lfloor A/d \rfloor \times \lfloor B/d \rfloor \times K$ 個となります．

1989 年のルカンらの手書き文字認識への応用[39] では，16×16 $(A = B = 16)$ の 256 画素の画像に対し，5 層の CNN を用いました．図 9.13 にその構造を図示します．入力層と出力層を除く 3 層のうち，入力層に近い第 2 層 (H1) と第 3 層 (H2) が畳み込み演算を行う畳み込み層です．第 3 層と第 4 層 (H3)，第 4 層と出力層の間は全結合のネットワークです．第 2 層と第 3 層で用いるフィルタはともに 5×5 $(P = Q = 5)$ のサイズのものが12種類，ストライド d の値もともに2です．17万個のサンプルを用いた学習で5%の誤り率で，当時の従来手法よりも高い認識率でした．

現在，一般の物体を認識する，一般物体画像認識で用いられるCNNは，畳み込み層の他にプーリング層と呼ばれる層があり，それらが交互に重なった形をしています．これは，一般物体画像認識での入力となる画像の画素数が，前述の文字認識の場合に比べるとはるかに多いことが関係しています．プーリング層では，対象の物体の位置ずれに対して頑健にするために，画像においてお互いに近い画素に対応する出力を1つにまとめます．ここでは，例えば各入力 (i, j) に対して，それを起点とした $H \times H$ の正方形の領域 P を考えます．まとめ方として以下の2種類がよく用いられます．まず**最大プーリング** (max pooling)

$$y_{ij} = u_{ij} = \max_{(p,q) \in P} x_{p,q}$$

では，その領域の中の最大値を出力します．もう1つの**平均プーリング** (average pooling)

$$y_{ij} = u_{ij} = \frac{\sum_{(p,q) \in P} x_{p,q}}{H^2}$$

では，その領域内の平均値を出力します．上式からわかるように，プーリング層のユニットは活性化関数はもたず，プーリングの結果をそのまま出力します．画像認識応用では，最大プーリングが用いられることが多いようです[78]．

CNNは，前述したように周波数解析で用いられる畳み込み演算を模擬していることから，局所的な特徴の抽出器として優れた性能をもちます．また，同じユニット数のMLPに比べ，結合重み数が圧倒的に少なく，学習データ量が少ない場合でもより頑健な学習が可能であるという利点があります．

9.4 音声認識のための深層学習

本節では，音声認識に大きなブレークスルーをもたらした深層学習の手法を紹介します．まず，最初に深層学習が登場した経緯について説明し，その後，音声認識に使われるようになった技術として，長・短期記憶 (LSTM) とコネクショニスト時系列分類法 (CTC) を紹介します.

9.4.1 深層学習の登場

2009 年頃より，深層学習を用いた音声認識の研究が発表され始め，2010 年には音素認識で，2011 年には大語彙連続音声認識で，それぞれ従来の GMM を出力確率分布とした HMM をはるかに上回る性能を上げ[63]，音声認識の研究者に衝撃を与えました．以降，深層学習の主な対象である，隠れ層を 2 つ以上もつ MLP を**深層ニューラルネットワーク** (deep neural network; DNN) と呼びます.

そこで用いられていた方式は，9.3.3 項の MLP-HMM ハイブリッド認識です．MLP は以前よりもはるかに大規模です．例えば電話での会話を認識するタスクで用いられた DNN は，出力ユニットはその各々が音素環境依存音素の状態に対応しており，全部で 9304 個です．隠れ層は 5 層あり，各層のユニット数は各々 2048 個です．学習時には，まず，十分に認識性能の高い GMM-HMM を用い，ビタービアルゴリズムにより，学習用音声の各フレームと HMM の各状態とを対応付けます．そして，対応付けられた状態を教師ラベルとして DNN の学習を行います．認識誤りを最大で 33%削減しています.

計算機技術が進歩したこと，大規模データベースが整備されたことで，これだけの大きさの MLP の学習が可能になりました．また，前述した勾配消失の問題を軽減するために，**事前学習** (pretraining) と呼ばれる，DNN の結合重みの初期化の方法が進歩したことも大きな理由です．これについて，次項で説明します.

9.4.2 DNN のための事前学習

DNN の事前学習のためには，単層のニューラルネットワークを学習し，それを積層していく方法が用いられます．前項の HMM-MLP ハイブリッド手法[63] では，**制約付きボルツマンマシン** (restricted Boltzmann machine; RBM) と呼ばれる教師なしで学習されるニューラルネットワークが用いられました．それ以外にしばしば，**自己符号化器** (autoencoder) がよく用いられます．ここでは，事前学習以外にも応用が多い，自己符号化器とそれを用いた DNN の初期化の方法を説明します.

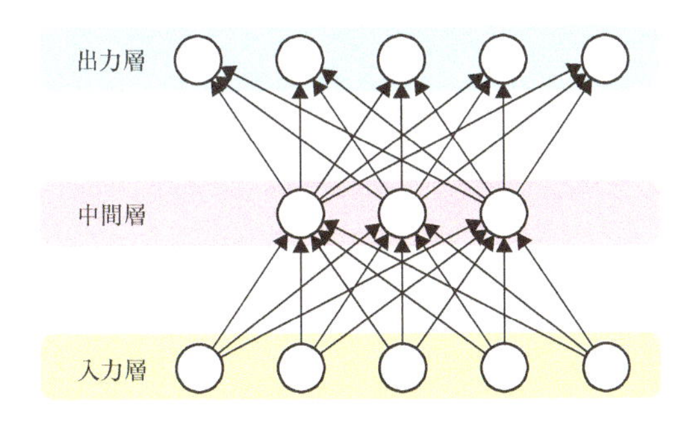

図 9.14　自己符号化器

自己符号化器は，図 9.14 に示すように入力層と隠れ層と出力層の 3 層から構成され，入力と同じ信号を出力するよう学習されます．入力の特徴ベクトルを $\boldsymbol{x}$ とすると，隠れ層の出力 $\boldsymbol{z}$ は

$$\boldsymbol{z} = f(\mathbf{W}\boldsymbol{x} + \boldsymbol{b})$$

となります．出力層も隠れ層と同様の構造をもち，その出力 $\boldsymbol{y}$ は

$$\boldsymbol{y} = f(\tilde{\mathbf{W}}\boldsymbol{z} + \tilde{\boldsymbol{b}})$$

となります．自己符号化器では，$\boldsymbol{y} = \boldsymbol{x}$ となるよう結合重みとバイアスを学習します．つまり，上の 2 式をまとめると

$$\boldsymbol{x} = f(\tilde{\mathbf{W}}f(\mathbf{W}\boldsymbol{x} + \boldsymbol{b}) + \tilde{\boldsymbol{b}})$$

となります．このときしばしば，推定すべきパラメータ数を減らすために $\tilde{\mathbf{W}} = \mathbf{W}^\top$ とします．

次に，この自己符号化器を AE(1) とし，その隠れ層の出力を入力とし，それと同じ信号を出力する別の自己符号化器 AE(2) を学習します．これを構成したい DNN の隠れ層の数 N と同じ回数だけ繰り返します．入力層の上に構成された N 個の自己符号化器 AE(1), ..., AE(N) の隠れ層を積み上げ，そして新たに出力層を追加して，それを DNN とし，自己符号化器における結合重みを DNN の結合重みの初期値とします．出力層に最も近い隠れ層と出力層との間の結合重みはランダムな値を初期値とします．

RBM や自己符号化器を用いた事前学習は，勾配消失を防ぐために効果的であることが経験的に知られています．大語彙音声認識における深層学習の成功は，この発明によるところが大きいと言えます．しかしながら，なぜ，このように初期化するとよいのか，他にもっと効果的な手法はないのか，についてはよくわかっていません．

また，一方で，ユニット数は同程度でも，1層当たりのユニット数はより少なくして，その代わりにより多くの階層をもたせた，「細い」ニューラルネットワークが高い性能をもつことがわかってきました．それらのネットワークでは結合重み数がより少なく，勾配消失の影響もより小さくなります．また，RNNにおけるLSTM (9.4.3項) など，勾配消失を陽に防ぐ仕組みをもった特別なニューラルネットワークも使われるようになりました．このような理由から，事前学習の重要性は徐々に薄れてきています．

自己符号化器は，事前学習の用途以外にも，特徴抽出器としてしばしば用いられます．現在ではむしろこちらの役割がより重要です．隠れ層のユニット数が入力特徴ベクトル次元数よりも小さい場合は，教師なし学習で次元を圧縮していることに相当します．例えば，教師なし学習の次元圧縮手法として代表的な主成分分析は，自己符号化器の特別な例です．隠れ層のユニット数が入力特徴ベクトル次元数よりも大きい場合でも，何らかの制約を課すことにより，安定して特徴量を抽出することが可能です．そのような自己符号化器は特にスパース自己符号化器 (sparse autoencoder) と呼ばれます．また，9.5.3項で，雑音除去のために自己符号化器を用いる手法を解説します．

9.4.3 長・短期記憶 (LSTM)

再帰型ニューラルネットワーク (RNN) は，9.3.2項で説明したように，以前から音声認識に使われてきました．RNNは，過去の時刻における入力の影響が時間軸方向に指数的に減衰してしまうため，長時間にわたる現象のモデル化が困難です．また，BPTT法による学習では，時間軸方向にネットワークを展開しますが，そうすると実質的に層数の多いMLPを学習することと同じで勾配消失の問題が避けられませんでした．

長・短期記憶 (long short-term memory; LSTM) はこの問題を解決するために提案された手法です．LSTMはメモリユニットと呼ばれる要素が基本単位で，それをRNNの隠れ層のユニットに置き換えて用います．

メモリユニットは，図9.15に示すように，1つのメモリ M，5つのユニッ

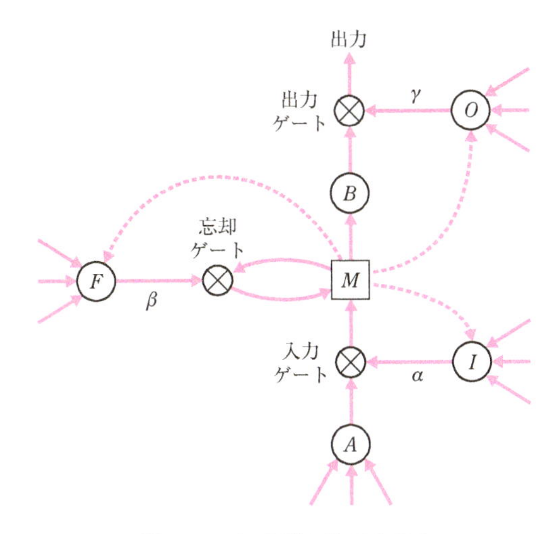

図 9.15　長・短期記憶 (LSTM)

ト (A,B,I,F,O)，3 つのゲート (入力ゲート，忘却ゲート，出力ゲート) と，それらの結合から構成されます．A は通常の RNN のユニットに対応し，時刻 t の下層からの出力と，時刻 $t-1$ の隠れ層における他のメモリユニットからの出力をある結合重みで重み付けた信号が入力されます．その出力を制御する機構がその上のメモリ M と 4 つのユニットで構成されており，一番上の出力が通常の RNN における出力に対応しています．この出力は，その上の層に入力されるとともに，次の時刻の隠れ層のメモリユニットに入力されます．3 つのゲートの働きとそれに伴うメモリの値の変化について順番に見ていきましょう．

ユニット A からの出力 u_t にユニット I からの出力値 α を掛けた値 αu_t と，前の時刻のメモリ M の値 z_{t-1} にユニット F からの出力値 β を掛けた値 βz_{t-1} との和がメモリ M に入力されます．メモリ M の値はユニット B に入力されます (このユニット B はしばしば省略されます)．ユニット B からの出力 y_t に，ユニット O からの出力値 γ を掛けた γy_t がこのメモリユニットからの出力となります．

入力ゲートは，入力を制限する機能をもちます．例えば $\alpha=0$ のとき，入力は無視されます．忘却ゲートは，メモリ M において前時刻の状態をどの程度記憶するかを制御しています．例えば $\alpha = 0$ で $\beta = 1$ のとき，メモリ M の値は変わりません．出力ゲートは，出力を制限する機能をもちます．例えば $\gamma = 0$ のとき，出力はゼロです．各々のゲートに対応するユニット I, F, O は，ともにユニット A に対する入力と同じ入力を受け取り，各々 α, β, γ を出力します．

なお，図 9.15 の点線はのぞき穴 (peephole) 結合と呼ばれるものです．当初 LSTM にはこの結合はなかったのですが，メモリ M の状態を積極的に制御に用いるために導入されました[21]．しばしばこの peephole 結合を用いていない場合もあります．ユニット I とユニット F には前時刻の状態が，ユニット O には現在の時刻の状態が送られます．

メモリユニットを構成する 5 つのユニットの結合重みとバイアスは RNN と同様の BPTT 法で学習されます．ここではその詳細は省略します．参考文献[78] にその説明があります．

グレイブス (Graves) らは双方向 RNN に LSTM を用いました[25]．教師信号は，MLP-HMM ハイブリッド法と同様，GMM-HMM により状態対応付けを行い，フレーム毎に教師を与えています．大語彙音声認識において従来の DNN を上回る性能を得ています．

9.4.4 コネクショニスト時系列分類法 (CTC)

9.3.2 項で説明した RNN や前項で説明した LSTM を用いた RNN では，音声と音韻のラベルとがフレームごとに 1 対 1 に対応付けられたデータが必要でした．その対応付けには，しばしば，GMM-HMM などのモデルを用いたビタービアルゴリズムが用いられていました．深層学習の進歩でニューラルネットワーク自体の性能が十分高くなり，RNN を用いてこの対応付けを行うことも可能になりました．その対応付けを用いて学習された RNN は，さらに性能が高くなるでしょう．このように考えると，RNN を，4.5.3 項で説明した前向き・後ろ向きアルゴリズムで学習できないか，と考えるのは自然な流れです．対応付けのゆらぎに対して，より頑健になることが期待されます．

ここでは，その実現方法の 1 つとして，**コネクショニスト時系列分類法** (connectionist temporal classification; CTC)[24] を紹介します．HMM は生成モデルなので，音素列 (単語) W を与えたときにそこから音声データ X

が生成される確率 $P(X|W)$ を尤度とみなして，それを最大化するパラメータを推定していました．それに対し，RNN は識別モデルであることから，CTC では，音声データ X が与えられたときにそれが音素列 (単語) W から生成されたものである確率 (事後確率)$P(W|X)$ を尤度とし，それを最大化するパラメータを推定します．以下，4.5.3 項の記述と対比させながら，CTC について説明していきます．

まず，入力の特徴ベクトル時系列を $\mathbf{O} = \boldsymbol{o}_1, \ldots, \boldsymbol{o}_T$ とします．また，単語 W は 4.5.3 項では HMM の状態系列で表されていましたが，RNN では通常音素が最小単位なので，ここでは，簡単のために音素の系列で表します．つまり，1 音素が 1 状態 (1 ユニット) です．RNN の出力ユニット数，すなわち，音素 (状態) の数は S 個あるものとし，時刻 t の状態を q_t で表します．さらに，left-to-right HMM と同様の構造を考え，許される遷移先は自分の状態か，もしくは，次の状態とします．すると，DP 平面として図 4.4 と同様なものを考えることができます．この DP 平面で，始端から終端までの可能な経路すべてについての事後確率の和をとれば，それが事後確率 $P(W|\mathbf{O})$ となります．なお，遷移確率は考慮せず，それは RNN の出力に含まれていると考えます．RNN の学習のための損失関数としては，対数をとって符号を逆転した以下の式を用います．

$$E(\mathbf{O}, W) = -\log p(W|\mathbf{O})$$

今，時刻 t における RNN の状態 (ユニット)i からの出力を y_i^t と書くことにします．そして前向き確率 α を以下のように定義します．

$$\alpha_t(i) = P(q_t = i|\boldsymbol{o}_1, \ldots, \boldsymbol{o}_t)$$

この α は，動的計画法の考え方により，以下のように効率的に計算することができます．

$$\begin{aligned} \alpha_1(1) &= y_1^1 \\ \alpha_t(i) &= (\alpha_{t-1}(i-1) + \alpha_{t-1}(i))y_i^t, \quad t = 1, \ldots, T,\ i = 1, \ldots, S \end{aligned} \tag{9.15}$$

同様に，以下の後ろ向き確率 $\beta_t(i)$ を定義します．

$$\beta_t(i) = P(q_{t+1} = i|\boldsymbol{o}_{t+1}, \ldots, \boldsymbol{o}_T)$$

これも前向き確率と同様以下の式で効率的に計算できます.

$$\begin{aligned}\beta_T(S) &= 1 \\ \beta_t(i) &= (\beta_{t+1}(i+1) + \beta_{t+1}(i))y_i^{t+1}, \quad t = T-1, \ldots, 1, \; i = S, \ldots, 1\end{aligned} \tag{9.16}$$

すると, DP 平面上のある点 (t, i) を通るすべての経路における事後確率の和は, $\alpha_t(i)\beta_t(i)$ となり, そのすべての状態 $i = 1, \ldots, S$ についての和が求めるべき事後確率となります.

$$p(W|\mathbf{O}) = \sum_{i=1}^{S} \alpha_t(i)\beta_t(i)$$

そして損失関数は,

$$E(\mathbf{O}, W) = -\log \sum_{i=1}^{S} \alpha_t(i)\beta_t(i)$$

と書けます.

次に RNN の出力 y_i^t に対する損失関数の勾配を求めます.

$$\frac{\partial E(\mathbf{O}, W)}{\partial y_i^t} = -\frac{\partial \log p(W|\mathbf{O})}{\partial y_i^t} = -\frac{1}{p(W|\mathbf{O})} \frac{\partial p(W|\mathbf{O})}{\partial y_i^t} \tag{9.17}$$

ここで, DP 平面のすべての可能な経路の中で, 点 (t, i) を通る経路のみを考慮すればいいので, 式 (9.15), 式 (9.16) から,

$$\frac{\partial p(W|\mathbf{O})}{\partial y_i^t} = \frac{\partial \alpha_t(i)\beta_t(i)}{\partial y_i^t} = \frac{1}{y_i^t}\alpha_t(i)\beta_t(i)$$

と書けます. この式を式 (9.17) に代入すると,

$$\frac{\partial E(\mathbf{O}, W)}{\partial y_i^t} = -\frac{1}{y_i^t} \frac{\alpha_t(i)\beta_t(i)}{p(W|\mathbf{O})} \tag{9.18}$$

となります. 損失関数について, 出力層の各ユニット i の入力 $u_i^{t(L)}$ に対する勾配は以下の式で求まります. 以下, 見やすさのため層を表す添え字 L を省略します.

$$\frac{\partial E(\mathbf{O},W)}{\partial u_i^t} = -\sum_j \frac{\partial E(\mathbf{O},W)}{\partial y_j^t}\frac{\partial y_j^t}{\partial u_i^t} \tag{9.19}$$

ここで，

$$y_i^t = \frac{\exp(u_i^t)}{\sum_j \exp(u_j^t)}$$

より，

$$\frac{\partial y_j^t}{\partial u_i^t} = y_i^t(1-y_i^t),\ i=j \tag{9.20}$$

$$= y_j^t y_i^t,\ i \neq j \tag{9.21}$$

となります．式 (9.19) に式 (9.18) と式 (9.21) を代入すると，

$$\frac{\partial E(\mathbf{O},W)}{\partial u_i^t} = y_i^t - \frac{1}{y_i^t}\frac{\alpha_t(i)\beta_t(i)}{p(W|\mathbf{O})}$$

となります．これが誤差逆伝播法における出力層のデルタ δ_j に相当します．それ以下の層のデルタについては，9.2 節に示す方法で求めることができます．以上が，前向き・後ろ向きアルゴリズムによる RNN の学習です．

CTC について，2 点補足をします．まず，上で述べたように，CTC で求まるのは，特徴ベクトル時系列 X を与えたときにそれが音素列 (単語) W からの出力である条件付確率 $P(W|X)$ で，生成確率 $P(X|W)$ ではありません．そのため，そのままでは，それを出力を直接に言語モデルなどと組み合わせて大語彙音声認識をすることはできません．9.3.3 項で述べた DNN の場合と同様，各ユニット i の事前確率 $p(i)$ を用いて $P(X|W)$ に変換し，それを用いる必要があります．また，CTC では多くの場合，音素ラベルが用いられますが，それは HMM における状態ラベルと比べ数が少ないため，対応付けがうまくいかないケースがあります．それを防ぐために，ブランク (空白) ラベルを各音素ラベルの両側に挿入する工夫がしばしば用いられます．

9.5 音声認識の要素技術における深層学習

前節では，音声認識における音響モデルとしての深層学習手法を解説しました．以前の章で説明してきたように，音声認識システムには音響モデルだけでなく他のさまざまな構成要素があります．ここでは，音声分析，言語モ

デル，耐雑音音声認識，話者適応について，どのように深層学習が使われているかを説明します．

9.5.1 特徴量抽出

第2章で，音声からの特徴量抽出について説明しました．それらはもっぱらヒューリスティックス (発見的手法) でした．これは特徴抽出手法を認識精度最大の規準で最適化する手法がないから，あるいは，そのような手法が提案されても計算資源やデータ量が不足し実現できなかったからです．しかしながら，近年の計算機技術の進歩により，計算資源を節約する必要性は薄くなり，大量の計算資源やデータを用いて特徴抽出を最適化するための条件は整ってきました．このタイミングで深層学習が登場しました．

従来の音声認識では，MFCC がもっぱら特徴量として用いられてきました (2.2.3 項)．MFCC は対数パワースペクトルに対しフィルタをかけてフィルタバンク群を構成し，その出力に対し離散コサイン変換を行い，その結果から低次の項，すなわち，スペクトル包絡の成分を取り出したものでした．そこでは，個々のフィルタバンク間の相関はあまり考慮されていません．しかし，実際には相関が存在し，それをモデル化することで認識性能の高い特徴量が構成できると期待できます．そのような考えに基づき，対数パワースペクトルのフィルタバンク出力を入力特徴量とした DNN が提案され，実際に MFCC を用いた場合よりも性能が高いことが実証されました[46]．この方法では，フィルタバンクから離散コサイン変換の代わりとなる非線形な変換を DNN が学習しています．つまり，ヒューリスティックスを用いる代わりにフレームごとの識別率最小の基準で特徴抽出の最適化を行っています．その後，波形そのものを入力とした DNN も，フィルタバンク出力を入力とした DNN に比べさほど性能が劣化しないことが報告されました[70]．また，DNN の下層を CNN に置き換えるとより性能が高くなることがわかりました[58]．この場合，CNN は波形に対する畳み込み演算を行うことで，フーリエ変換に代わる周波数解析を行っています．

9.5.2 言語モデル

自然言語処理の分野でも深層学習の研究が進んでいます．そこで得られた知見を用いて音声認識向けの言語モデルを構成する研究が進んでいます．例えば隠れ層が1層のエルマン型RNNを用いて，n-gramよりもパープレキシティの小さい言語モデルが構成できます．ただし，RNNを用いる言語モデルは，その履歴が無限に長くなりうるので，そのままではWFST (6.4.2項) などの音声認識デコーダに組み入れることが困難です．適当に途中で打ち切りn-gramに近似することで音声認識を実現可能にする方法が提案されています．また，5.3節で説明した，形態素解析も深層学習を用いて行う手法が提案されています．より詳細については，本シリーズの『深層学習による自然言語処理』[85] を参照してください．

9.5.3 耐雑音

深層学習を用いた雑音除去の手法として**雑音除去自己符号化器** (denoising autoencoder; DAE) がしばしば用いられます．このDAEは，9.4.2項で説明した自己符号化器の一種です．雑音下の音声を入力とし，そこから雑音を除去した音声を出力します．学習においては，まず，雑音のない環境で収録された音声を用意し，それにさまざまな雑音を重畳して，雑音下の音声を合成します．そして，合成された雑音下音声を入力，合成前の雑音の重畳されていない音声を出力として，自己符号化器が学習されます．雑音としては加法性雑音のみならず，マイクロホンの違いや部屋の反響などの乗法性の雑音も同様の方法で対応が可能です．

9.5.4 話者適応

DNNはHMMに比べ話者の違いに対して比較的頑健で，話者適応の必要性はより少ないですが，いくつかDNNのための話者適応法が提案されています．例えば，8.4節で説明したfMLLRを用いて入力音声を話者のモデルに合うようアフィン変換し，DNNに入力する方法があります[62]．この場合，fMLLRのパラメータは，話者の少量の発声を用いて学習されます．これは正確には話者正規化の手法です．また，例えば，話者認識で話者の特徴を表すi-vectorを音声とともにDNNの入力として用いることで性能が向上します[45]．さらに，学習パラメータ数を減らすために，ユニット間の重み係数ではなく，各ユニットの出力に対する増幅器のパラメータを設定し，それを話者の音声を用いて学習することで性能を向上させる方法も効果があります[69]．

9.6 End-to-End 学習

これまで見てきたように，従来の音声認識システムは，音声分析，音響モデル，言語モデル，デコーダー，発音辞書などの多くの要素から構成されていました．昔から各々の要素が別々に研究されており，音声認識はそれらを組み合わせて実現されるものでした．音声認識の性能向上のためには，要素間のインタフェースをどのように設計するかが重要な課題であり，多くの研究がなされてきました．しかし，誤識別を最小とする規準でインタフェースを設計する手法はなく，適当なインタフェースの候補をいくつか用意し，それらに対して認識性能評価を繰り返す，試行錯誤を行ってきました．深層学習によって，この要素間のインタフェースを自動的に最適化する道が開かれました．

例えば，すでに 9.5.1 項で説明したように，特徴抽出のニューラルネットワークの出力と音響モデルのニューラルネットワークの入力をつなげて 1 つのネットワークとし，その全体を最適化する，ということができます．このように一連の複数の手続きをつなげて 1 つの手続きとして学習することを End-to-End 学習と呼びます．

9.3.3 項で説明した MLP-HMM ハイブリッド認識は，現在に至るまで，さまざまな改良が施されています．MLP-HMM ハイブリッド式の DNN の学習には，性能の十分高い GMM-HMM が必要でした．しかし，GMM-HMM を使うことなく最初から DNN のみで学習もできることがわかっています[64]．最初に，環境非依存の音素 (monophone) の DNN の学習を行い，次に，音素決定木クラスタリングを行い，さらに，環境依存音素 (triphone) の DNN の学習を行います．また，HMM や DNN の学習には各単語に対する発音辞書が必要です (6.3 節)．これも DNN を用いて自動的に作成する研究が進んでいます．これら一連の処理をつなげて End-to-End 学習を行うことが可能になりつつあります．

9.7 今後の展望

現在，音声認識に対する深層学習の技術は急速に進歩しています．以下では，今後の見通しについて述べます．

例えば，従来のパターン認識では必要だった特徴抽出の処理が不要になっていきます．従来は，音声処理には音声に関する知識が，画像処理には画像に関する知識が必須でしたが，特徴抽出が不要になっていくと，そのようなメディア固有の知識の必要性がなくなっていきます．つまり，メディア固有の知識をもたずにパターン認識を行うことが可能になります．例えば音声でも画像でも筋電でも脳波でも，同じ枠組みでの処理が可能になっていきます．今後はこれらの分野間での協調が盛んになっていくことが予想されます．深層学習に適した計算機アーキテクチャの開発や，それに依存したアルゴリズムの開発が盛んになるでしょう．

深層学習は，教師ラベルとデータ標本が 1 対 1 で対応しており，かつ，その組が大量に存在する場合には極めて強力です．ですので，音声信号とそれに対するラベルが与えられている音声認識モデルの学習ではたいへん効果があります．しかし，音声認識の多くの応用では，話された内容を一字一句書き起こしたいわけではなく，そこで伝達されている情報を獲得することが目的です．例えば，対話音声の認識を考えてみましょう．親しい人同士が会話している場合，発声には大きななまけ (調音結合) があり，正確に書き起こすのは困難です．深層学習を用いた場合でも誤りが多くなります．

このような場合，どのような教師ラベルを与えるべきか，また，教師ラベルが部分的にしか与えられていなくても頑健に学習するにはどうしたらよいかを考える必要があります．まず何よりもより多くの音声対話データを集めること，そして，さらに人間のもつ構造的な「知識」を教師として用いる方法の開発が，今後重要になってくると思われます．

また，音声対話の研究では，そもそも，正しい対話と間違った対話，良い対話と悪い対話，という概念が確立していません．これは応用によっても異なると思います．この問題を解決すれば，アルファ碁の応用[66] でみられたように，機械同士で対話しながら性能を向上させる強化学習のアプローチが適用できるようになるでしょう.

B i b l i o g r a p h y

参考文献

[1] B. S. Atal, "Effectiveness of linear prediction characteristics of the speech wave for automatic speaker identification and verification", *The Journal of the Acoustical Society of America*, vol. 55, no. 6, pp. 1304–1312 (1974).

[2] L. Bahl, P. Brown, P. de Souza, R. Mercer, "Maximum mutual information estimation of hidden Markov model parameters for speech recognition", in *Proceedings of the 1986 International Conference on Acoustics, Speech, and Signal Processing (Proc. ICASSP 1986)*, doi:10.1109/ICASSP.1986.1169179 (1986).

[3] L. E. Baum, T. Petrie, G. Soules, N. Weiss, "A maximization technique occurring in the statistical analysis of probabilistic functions of Markov chains", *The Annals of Mathematical Statistics*, vol. 41, no. 1, pp. 164–171 (1970).

[4] C. M. Bishop, *Pattern Recognition and Machine Learning*, Springer (2006). 邦訳：元田浩，栗田多喜夫，樋口知之，松本裕治，村田昇 (監訳)，『パターン認識と機械学習』(上下巻)，シュプリンガー・ジャパン (2007, 2008).

[5] B. P. Bogert, M. J. R. Healy, J. W. Tukey, "The quefrency alanysis of time series for echoes: cepstrum, pseudo-autocovariance, cross-cepstrum, and saphe cracking", in *Proceedings of the Symposium on Time Series Analysis* (M. Rosenblatt, ed.), Wiley, pp. 209–243 (1963).

[6] S. F. Boll, "Suppression of acoustic noise in speech using spectral subtraction", *IEEE Transactions on Acoustics, Speech, and Signal Processing*, vol. 27, no. 2, pp. 113–120 (1979).

[7] H. A. Bourlard, N. Morgan, *Connectionist Speech Recognition: A*

Hybrid Approach, Springer (1994).

[8] W. M. Campbell, D. E. Sturim, D. A. Reynolds, "Support vector machines using GMM supervectors for speaker verification", *IEEE Signal Processing Letters*, vol. 13, no 5, pp. 308–311 (2006).

[9] E. C. Cherry "Some experiments on the recognition of speech, with one and with two ears", *The Journal of the Acoustical Society of America*, vol. 25, no. 5, pp. 975–979 (1953).

[10] J. W. Cooley, J. W. Tukey, "An algorithm for the machine calculation of complex Fourier series", *Mathematics of Computation*, vol. 19, no. 90, pp. 297–301 (1965).

[11] M. H. DeGroot, *Optinal Statistical Decisions*, McGraw-Hill (1970).

[12] N. Dehak, R. Dehak, P. Kenny, N. Brummer, P. Ouellet, P. Dumouchel, "Support vector machines versus fast scoring in the low-dimensional total variability space for speaker verification", *Proceedings of the 10th Annual Conference of the International Speech Communication Association 2009 (Proc. INTERSPEECH 2009)*, pp. 1559–1562 (2009).

[13] N. Dehak, P. Kenny, R. Dehak, P. Dumouchel, P. Ouellet, "Front-end factor analysis for speaker verification", *IEEE Transactions on Audio, Speech, and Language Processing*, vol. 19, no. 4, pp. 788–798 (2011).

[14] A. P. Dempster, N. M. Laird, D. B. Rubin, "Maximum likelihood from incomplete data via the EM algorithm", *Journal of the Royal Statistical Society, Series B*, vol. 39, no. 1, pp. 1–38 (1977).

[15] V. V. Digalakis, L. G. Neumeyer, "Speaker adaptation using combined transformation and Bayesian methods", *IEEE Transactions on Speech and Audio Processing*, vol. 4, no. 4, pp. 294–300 (1996).

[16] S. Furui, "On the role of dynamic characteristics of speech spectra for syllable perception", *IEEE Transaction on Acoustics, Speech,*

and Signal Processing, vol. 34, no. 1, pp. 52–59 (1986).

[17] M. J. F. Gales, "Maximum likelihood linear transformations for HMM-based speech recognition", *Computer Speech and Language*, vol. 12, no. 2, pp. 75–98 (1998).

[18] M. J. F. Gales, P. C. Woodland, "Mean and variance adaptation within MLLR framework", Computer Speech and Language, vol. 10, no. 4, pp. 249–264 (1996).

[19] M. J. F. Gales, S. J. Young, "Robust continuous speech recognition using parallel model combination", *IEEE Transactions on Speech and Audio Processing*, vol. 4, no. 5, pp. 352–359 (1996).

[20] J.-L. Gauvain, C.-H. Lee, "Maximum a posteriori estimation for multivariate Gaussian mixture observations of Markov chains", *IEEE Transactions on Speech and Audio Processing*, vol. 2, no. 2, pp. 291–298 (1994).

[21] F. A. Gers, N. N. Schraudolph, J. Schmidhuber, "Learning Precise Timing with LSTM Recurrent Networks", *Journal of Machine Learning Research*, vol. 3, pp. 115–143 (2002).

[22] Z. Ghahramani, M. I. Jordan, "Factorial Hidden Markov Models", *Machine Learning*, vol. 29, no. 2-3, pp. 245–273 (1997).

[23] I. J. Good, "The population frequencies of species and the estimation of population parameters", *Biometrika*, vol. 40, no. 3/4, pp. 237–264 (1953).

[24] A. Graves, S. Fernández, F. Gomez, and J. Schmidhuber, "Connectionist temporal classification: Labelling unsegmented sequence data with recurrent neural network", *Proceedings of the 23rd International Machine Learning Conference (Proc. ICML 2006)*, pp. 369–376 (2006).

[25] A. Graves, N. Jaitly, A. Mohamed, "Hybrid speech recognition with deep bidirectional LSTM", *Proceedings of the 2013 IEEE Workshop*

on Automatic Speech Recognition and Understanding (Proc. IEEE ASRU 2013), pp. 273–278 (2013).

[26] A. Graves, A. Mohamed, G. Hinton, "Speech recognition with deep recurrent neural networks", *Proc. ICASSP 2013*, pp. 6645–6649 (2013).

[27] X. He, L. Deng, *Discriminative Learning for Speech Recognition: Theory and Practice*, Morgan and Claypool Publishers (2008).

[28] H. Hermansky, D. P. W. Ellis, and S. Sharma, "Tandem connectionist feature extraction for conventional HMM systems", *Proc. ICASSP 2000*, pp. 1635–1638 (2000).

[29] S. Hochreiter, J. Schmidhuber, "Long short-term memory", *Neural Computation*, vol. 9, no. 8, pp. 1735–1780 (1997).

[30] T. Hori, A. Nakamura, *Speech Recognition Algorithms Using Weighted Finite-State Transducers*, Morgan & Claypool Publishers (2013).

[31] X. D. Huang, M. Jack, "Semi-continuous hidden Markov models for speech signals", *Computer Speech and Language*, vol. 3, no. 3, pp. 239–251 (1989).

[32] Z. Huang, G. Zweig, B. Dumoulin, "Cashe based recurrent neural network language model inference for first pass speech recognition", *Proc. ICASSP 2014*, pp.6354–6358 (2014).

[33] "International Phonetic Association", https://www.internationalphoneticassociation.org/.

[34] J. L. W. V. Jensen, "Sur les fonctions convexes et les inégalités entre les valeurs moyennes", *Acta Mathematica*, vol. 30, no. 1, pp. 175–193 (1906).

[35] B.-H. Juang, S. Levinson, M. Sondhi, "Maximum likelihood estimation for multivariate mixture observations of Markov chains",

IEEE Transactions on Information Theory, vol. 32, no. 2, pp. 307–309 (1986).

[36] S. Katz, "Estimation of probabilities from sparse data for the language model component of a speech recognizer", *IEEE Transactions on Acoustics, Speech, and Signal Processing*, vol. 35, no. 3, pp. 400–401 (1987).

[37] S. Kim, T. Hori, S. Watanabe, "Joint CTC-attention based end-to-end speech recognition using multi-task learning", *Proc. ICASSP 2017*, pp. 4835–4839 (2017).

[38] J. D. Lafferty, A. McCallum, F. C. N. Pereira, "Conditional random fields: probabilistic models for segmenting and labeling sequence data", *Proceeding of the 18th International Conference on Machine Learning*, pp. 282–289 (2001).

[39] Y. LeCun, B. Boser, J. S. Denker, D. Henderson, R. E. Howard, W. Hubbard, and L. D. Jackel, "Backpropagation applied to handwritten zip code recognition", *Neural Computation*, vol. 1, no. 4, pp. 541–551 (1989).

[40] L. Lee, R. C. Rose, "Speaker normalization using efficient frequency warping procedures", in *Proc. ICASSP 1996*, vol. 1, pp. 353–356 (1996).

[41] C. J. Leggetter, P. C. Woodland, "Maximum likelihood linear regression for speaker adaptation of continuous density hidden Markov models", *Computer Speech and Language*, vol. 9, no. 2, pp. 171–185 (1995).

[42] M. Lennig, "Putting speech recognition to work in the telephone network", *Computer*, vol. 23, no. 8, pp. 35–41 (1990).

[43] Y. Linde, A. Buzo, and R. Gray, "An algorithm for vector quantizer design", *IEEE Transactions on Communications*, vol. 28, no. 1, pp. 84–95 (1980).

[44] H. McGurk, J. MacDonald, "Hearing lips and seeing voices", *Nature*, vol. 264, no. 5588, pp. 746–748 (1976).

[45] Y. Miao, H. Zhang, F. Metze, "Speaker adaptive training of deep neural network acoustic models using i-vectors", *IEEE/ACM Transaction on Audio, Speech, and Language Processing*, vol. 23, no. 11, pp. 1938–1949 (2015).

[46] A. Mohamed, G. E. Dahl, G. Hinton, "Acoustic modeling using deep belief networks", *IEEE Transactions on Audio, Speech, and Language Processing*, vol. 20, no. 1, pp. 14–22 (2011).

[47] M. Mohri, F. Pereira, M. Rikey, "Weighted finite-state transducers in speech recognition", *Computer Speech and Language*, vol. 16, no. 1, pp. 69-88 (2002).

[48] C. Myers, L. Rabiner, "Connected digit recognition using a level-building DTW algorithm", *IEEE Transactions on Acoustics, Speech, and Signal Processing*, vol. 29, no. 3, pp. 351–363 (1981).

[49] H. Ney, "The use of a one-stage dynamic programming algorithm for connected word recognition", *IEEE Transactions on Acoustics, Speech, and Signal Processing*, vol. 32, no. 2, pp. 263–271 (1984).

[50] S. Ortmanns, H. Ney, X. Aubert, "A word graph algorithm for large vocabulary continuous speech recognition", *Computer Speech and Language*, vol. 11, no. 1, pp. 43–72 (1997).

[51] V. Peddinti, D. Povey, S. Khudanpur, "A time delay neural network architecture for efficient modeling of long temporal contexts", *Proc. INTERSPEECH 2015*, pp. 3214–3218 (2015).

[52] D. Povey, P. C. Woodland, "Minimum phone error and I-smoothing for improved discriminative training", in *Proc. ICASSP 2002*, doi:20.1109/ICASSP.2002.5743665 (2002).

[53] P. Price, W. M. Fisher, J. Bernstein, D. S. Pallett, "The DARPA 1000-word resource management database for continuous speech

recognition", *Proc. ICASSP 1988*, pp. 651–654 (1988).

[54] L. Rabiner and B.-H. Juang, *Fundamentals of speech recognition*, Prentice Hall (1993).

[55] A. J. Robinson and F. Fallside, "The utility driven dynamic error propagation network (Technical report)" Cambridge University, Engineering Department, CUED/F-INFENG/TR.1 (1987).

[56] A. J. Robinson and F. Fallside, "A dynamic connectionist model for phoneme recognition", in *Neural Networks from Models to Applications: Proceedings of nEuro'88* (L. Personnaz, G. Dreyfus, eds.), IDSET, pp. 541–550 (1989).

[57] D. E. Rumelhart, G. E. Hinton, R. J. Williams, "Learning representations by back-propagating errors", *Nature*, vol. 323, no. 6088, pp. 533–536 (1986).

[58] T. N. Sainath, R. J. Weiss, A. Senior, K. W. Wilson, O. Vinyals, "Learning the speech front-end with raw waveform CLDNNs", *Proc. INTERSPEECH 2015*, pp.1–5 (2015).

[59] H. Sakoe, "Two-level DP-matching—A dynamic programming-based pattern matching algorithm for connected word recognition", *IEEE Transactions on Acoustics, Speech, and Signal Processing*, vol. 27, no. 6, pp. 588–595 (1979).

[60] H. Sakoe, S. Chiba, "Dynamic programming algorithm optimization for spoken word recognition", *IEEE Transactions on Acoustics, Speech, and Signal Processing*, vol. 26, no. 1, pp. 43–49 (1978).

[61] M. Schuster and K. K. Paliwal, "Bidirectional recurrent neural networks", *IEEE Transaction on Signal Processing*, vol. 45, no. 11, pp. 2673–2681 (1997).

[62] F. Seide, G. Lil, X. Chen, D. Yu, "Feature engineering in context-dependent deep neural networks for conversational speech transcription", *Proc. IEEE ASRU 2011*, pp. 24-29 (2011).

[63] F. Seide, G. Li, D. Yu, "Conversational speech transcription using context-dependent deep neural networks", *Proc. INTERSPEECH 2011*, pp. 437–440 (2011).

[64] A. Senior, G. Heigold, M. Bacchiani, H. Liao, "GMM-free DNN acoustic model training", *Proc. ICASSP 2014*, pp. 5602–5606 (2014).

[65] K. Shinoda, C.-H. Lee, "A structural Bayes approach to speaker adaptation", *IEEE Transactions on Speech and Audio Processing*, vol. 9, no 3, pp. 276–287 (2001).

[66] D. Silver et al. "Mastering the game of Go with deep neural networks and tree search", *Nature*, vol. 529, no. 7587, pp. 484–489 (2016).

[67] H. Steinhaus, "Sur la division des corps matériels en parties" (French), *Bulletin de L'Academie Polonaise des Sciences*, vol. 4, no. 12, pp. 801–804 (1956).

[68] S. S. Stevens, J. Volkmann, E. B. Newman, "A scale for the measurement of the psychological magnitude pitch", *Journal of the Acoustical Society of America*, vol. 8, no. 3, pp. 185–190 (1937).

[69] P. Swietojanski, S. Renals, "Learning hidden unit contributions for unsupervised speaker adaptation of neural network acoustic models", *Proceedings of the 2014 IEEE Spoken Language Technology (SLT) Workshop*, pp. 171–176 (2014).

[70] Z. Tüske, P. Golik, R. Shlüter, H. Ney, "Acoustic modeling with deep neural networks using raw time signal for LVCSR", *Proc. INTERSPEECH 2014*, pp. 890–894 (2014).

[71] T. K. Vintsyuk, "Element-wise recognition of continuous speech composed of words from a specified dictionary", *Cybernetics and Systems Analysis*, vol. 7, no. 2, pp. 361–372. Translated from *Kibernetica*, no. 2, pp. 133–143 (1971).

[72] A. Viterbi, "Error bounds for convolutional codes and an asymptotically optimum decoding algorithm", *IEEE Transactions on Information Theory*, vol. 13, no. 2, pp. 260–269 (1967).

[73] A. Waibel, T. Hanazawa, G. Hinton, K. Shikano, K. J. Lang, "Phoneme recognition using time-delay neural networks", *IEEE Transactions on Acoustics, Speech, and Signal Processing*, vol. 37, no. 3, pp. 328–339 (1989).

[74] S. Watanabe, J.-T. Chien, *Bayesian Speech and Language Processing*, Cambridge University Press (2015).

[75] S. J. Young, J. J. Odell, P. C. Woodland, "Tree-based state tying for high accuracy acoustic modelling", *Proceedings of the workshop on Human Language Technology (HLT)*, pp. 307–312 (1994).

[76] G. K. Zipf, *The Psycho-biology of Language*, Houghton-Mifflin (1935).

[77] 荒木雅弘,『イラストで学ぶ音声認識』, 講談社 (2015).

[78] 岡谷貴之,『深層学習』(機械学習プロフェッショナルシリーズ), 講談社 (2015).

[79] 小川哲司, 塩田さやか,「i-vector を用いた話者認識」, 日本音響学会誌, vol. 70, no. 6, pp. 332–339 (2013).

[80] 河原達也 (編著), 情報処理学会 (編),『音声認識システム 改訂 2 版』(IT Text), オーム社 (2016).

[81] 北研二 (著), 辻井潤一 (編),『確率的言語モデル』, 東京大学出版会 (1999).

[82] 佐藤大和,「男女声の声質情報を決める要素」, 電気通信研究所研究実用化報告, vol. 24, no. 5, pp. 977–993 (1975).

[83] 鈴木大慈,『確率的最適化』(機械学習プロフェッショナルシリーズ), 講談社 (2015).

[84] 高木啓三郎, 吉田和永, 渡辺隆夫,「2 段スペクトルサブトラクション

法による雑音下連続音声認識」, 1992年電子情報通信学会春季大会講演論文集 (1992).

[85] 坪井祐太, 海野裕也, 鈴木潤,『深層学習による自然言語処理』(機械学習プロフェッショナルシリーズ), 講談社 (2017).

[86] 日本音響学会 (編),『音のなんでも小事典——脳が音を聴くしくみから超音波顕微鏡まで』(ブルーバックス), 講談社 (1996).

[87] 服部四郎,『音声学』(岩波新書), 岩波書店 (1951).

索　引

さ行

た行

や・ら・わ行

著者紹介

篠田浩一　博士（工学）

1989 年　東京大学大学院理学系研究科物理学専攻修士課程修了

現　在　東京工業大学情報理工学院 教授

NDC007　175p　21cm

機械学習プロフェッショナルシリーズ

音声認識

2017 年 12 月 7 日　第 1 刷発行

著　者　篠田浩一

発行者　鈴木 哲

発行所　株式会社 講談社

〒 112-8001　東京都文京区音羽 2-12-21

販売　(03)5395-4415

業務　(03)5395-3615

編　集　株式会社 講談社サイエンティフィク

代表　矢吹俊吉

〒 162-0825　東京都新宿区神楽坂 2-14　ノービィビル

編集　(03)3235-3701

本文データ制作　藤原印刷株式会社

カバー・表紙印刷　豊国印刷株式会社

本文印刷・製本　株式会社 講談社

落丁本・乱丁本は，購入書店名を明記のうえ，講談社業務宛にお送りください．送料小社負担にてお取替えします．なお，この本の内容についてのお問い合わせは，講談社サイエンティフィク宛にお願いいたします．定価はカバーに表示してあります．

©Koichi Shinoda, 2017

本書のコピー，スキャン，デジタル化等の無断複製は著作権法上での例外を除き禁じられています．本書を代行業者等の第三者に依頼してスキャンやデジタル化することはたとえ個人や家庭内の利用でも著作権法違反です．

JCOPY　〈（社）出版者著作権管理機構 委託出版物〉

複写される場合は，その都度事前に（社）出版者著作権管理機構（電話 03-3513-6969，FAX 03-3513-6979，e-mail: info@jcopy.or.jp）の許諾を得てください．

Printed in Japan

ISBN 978-4-06-152927-4